Der Magdalenenberg bei Villingen

Ein Fürstengrabhügel des 6. vorchristlichen Jahrhunderts

Von
Konrad Spindler

mit Beiträgen von
Ernst Hollstein und Eduard Neuffer

Konrad Theiss Verlag Stuttgart und Aalen

Umschlagbild: Bernsteingehänge aus Grab 97
Vorderer Innendeckel: Umgebung des Stadtbezirks Villingen mit Eintragung der Lage von Kapf und Magdalenenberg (Abb. 1)
Rückendeckel-Einlage: Faltblatt mit Gräberplan des Magdalenenbergs (Abb. 16)

Redaktion: Wolfgang Kimmig

Gesamtherstellung: Druckerei Tübinger Chronik, Tübingen
Printed in Germany
ISBN 3 8062 0153 6

Karl Schumacher und Ernst Wagner,
den Erst-Ausgräbern von 1890, gewidmet

Autoren:

Dr. Konrad Spindler, Assistent am Lehrstuhl für
Vor- und Frühgeschichte der Universität Regensburg

Ernst Hollstein, Oberstudienrat,
Dendrochronologe am Rheinischen Landesmuseum in Trier

Dr. Eduard Neuffer, Referent für Museumswesen
beim Landesdenkmalamt Baden-Württemberg

INHALTSVERZEICHNIS

VORWORT

Der zwischen 1970 und 1974 untersuchte Riesengrabhügel des »Magdalenenberg« bei Villingen im Schwarzwald gehört ohne Zweifel zu den spektakulärsten archäologischen Unternehmungen der letzten Jahre in Baden-Württemberg. Obgleich der Ausgräber Dr. Konrad Spindler schon mehrfach über dieses Projekt in Fachorganen berichtet hat und auch von der offiziellen Publikation bereits drei Bände erschienen sind (Magdalenenberg I–III, 1971–1973, Neckarverlag GMBH Villingen), schien es gleichwohl wünschenswert, einen allgemeinverständlichen Führer herauszubringen, der zugleich das neueingerichtete Magdalenenberg-Museum im Villinger Franziskanerkloster erläuternd begleiten sollte (dazu auch das Schriftenverzeichnis auf Seite 111 f.).

Der »Führer« beginnt mit einem einleitenden Bericht über die Einrichtung des neuen Museums, das der Stadt Villingen heute einen ganz besonderen Akzent verleiht. Verfasser ist der Museumsreferent beim Landesdenkmalamt Baden-Württemberg, Dr. Eduard Neuffer, der den in staatlichem Besitz befindlichen Fundbestand in mustergültiger Weise aufgebaut hat (I). – Kernstück des Bandes ist eine ausführliche Darstellung des Ausgräbers Dr. Konrad Spindler über den Verlauf der teilweise dramatischen Ausgrabung des Magdalenenberg selbst und über die zugehörige Siedlung auf dem »Kapf« im oberen Brigachtal. Im Anschluß daran werden über ein halbes Hundert ausgewählter Fundstücke, die heute im Magdalenenberg-Museum ausgestellt sind, vorgeführt und erläutert (II). – Der Band schließt mit einem Bericht des am Landesmuseum Trier als Dendrochronologe arbeitenden Oberstudienrats Ernst Hollstein, der die zahlreichen gut erhaltenen Hölzer im Magdalenenberg untersucht und vermittelst der Jahrring-Chronologie datiert hat. Mit dieser Methode ist es gelungen, die aus schriftloser Zeit stammende gewaltige hölzerne Grabkammer des »Herrn vom Magdalenenberg« auf das Spätjahr 577 v. Chr. zeitlich exakt festzulegen, was eine echte wissenschaftliche Sensation bedeutet (III).

Wie bei allen großen Ausgrabungen war auch vor der Untersuchung des Magdalenenberg eine gründliche Planung vonnöten. Ausgrabungen dieses Umfangs sind nicht zuletzt ein finanzielles Problem. In welch unbürokratischer Weise alle auftauchenden Schwierigkeiten überwunden werden konnten, möge man den Vorworten der oben genannten Hauptpublikation (Magdalenenberg I–III) entnehmen. Hier sei nur knapp zusammengefaßt, daß die Anregung von Villinger Seite ausging, daß die wissenschaftliche Betreuung des Unternehmens in den Händen von Prof. Dr. Sangmeister vom Institut für Ur- und Frühgeschichte der Universität Freiburg lag, der seinerseits Dr. Konrad Spindler als Grabungsleiter gewann. Nach den ersten Grabungserfolgen des Jahres 1970 wurde die Deutsche Forschungsgemeinschaft eingeschaltet, die bis zum Abschluß großzügige Hilfe gewährte. Trotzdem wäre das Unternehmen niemals so rasch in Gang gekommen, wenn sich nicht die Bürgerschaft von Villingen so nachhaltig dafür eingesetzt hätte. Es war die Stadt Villingen, die erst einmal mit einer beträchtlichen Summe die Grabung ankurbelte und die auch nach Beendigung des Unternehmens die sorgfältige Wiederaufschüttung des Riesengrabhügels durchführte. Industrie und private Mäzene wetteiferten mit immer neuen Hilfestellungen, sogar der erste Band der großen Gesamtpublikation (Magdalenenberg I) konnte mit Mitteln der Firma Binder-Magnete, Villingen, zum Druck gegeben werden. So ist die Durchführung des »Unternehmens Magdalenenberg« nicht zuletzt der Opferbereitschaft der Stadt Villingen und ihrer Bürger zu danken, was hoch zu rühmen ist!

Der Führer zum Magdalenenberg-Museum erscheint als Band 5 der jetzt auf das Gesamtland Baden-Württemberg ausgedehnten Reihe, aber zunächst noch im alleinigen Auftrag der »Gesellschaft für Vor- und Frühgeschichte in Württemberg und Hohenzollern«. Der Herausgeber hofft indes zuversichtlich, daß künftig auch der »Förderkreis für die ur- und frühgeschichtliche Forschung in Baden« mit unter den Auftraggebern vertreten sein wird. Fotos und Pläne wurden im wesentlichen durch die verschiedenen Autoren beschafft, Planumzeichnungen fertigte Frau Marianne Kleine-Schonnefeld vom Tübinger Institut für Vorgeschichte, das Landesvermessungsamt Stuttgart stellte dankenswerter Weise den Kartenausschnitt im Deckel zur Verfügung. Hilfreiche Unterstützung fand der Herausgeber beim Konrad Theiss Verlag, Stuttgart und Aalen, der seit Sommer 1976 für Vertrieb und Werbung verantwortlich zeichnet und bei der Druckerei Tübinger Chronik, in deren bewährten Händen die Gesamtherstellung lag. Möge der Magdalenenberg-Führer gerade in Villingen eine gute Aufnahme finden!

Tübingen, Herbst 1976 Wolfgang Kimmig

1.

DAS MAGDALENENBERG-MUSEUM IN VILLINGEN

von

Eduard M. Neuffer

Das Magdalenenberg-Museum in seiner jetzigen Form ist das Ergebnis einer langen Reihe von Überlegungen, die schon während der Ausgrabung des Magdalenenberges aufkamen und nach deren Beendigung von allen Beteiligten, den Ausgräbern und den Vertretern der Stadt Villingen-Schwenningen wie des Landesdenkmalamtes Baden-Württemberg, intensiv diskutiert wurden. Die wertvollen Funde und einzigartigen Grabungsergebnisse, die weithin Aufsehen erregten, verlangten nach einer würdigen, allgemein verständlichen Darbietung in einem Rahmen, der ihrer Bedeutung gerecht werden konnte.

Der Gedanke, für die Grabkammer einen eigenen vollklimatisierten Bau zu errichten, ließ sich leider nicht realisieren, weil der finanziellen Belastbarkeit von Stadt und Staat Grenzen gesetzt waren. So wurde beschloßen, innerhalb der Schwarzwald-Sammlungen der Stadt Villingen, neuerdings Franziskaner-Museum, einen großen Raum im Erdgeschoß als Magdalenenberg-Museum einzurichten, das allein diesem berühmten Hallstatt-Fürstengrabhügel gewidmet sein sollte. Die Planung und Einrichtung dieses Museums wurde der Zentralen Museumsbetreuung des Landesdenkmalamtes übertragen.

Mit der räumlichen Einengung mußte die konzeptionelle einhergehen. Schon rasch zeigte es sich, daß es nicht möglich sein werde, ein spezielles Museum für die Darstellung der Hallstattkultur in unserem Lande zu schaffen, wie es etwa für die römische Epoche im Limes-Museum in Aalen oder für die merowingerzeitliche im Alamannen-Museum in Weingarten besteht. Der Rahmen mußte wesentlich enger gefaßt werden und an die Stelle einer umfassenden Darstellung der

Hallstattkultur im circumalpinen Gebiet mitsamt den ihr benachbarten Kulturen, die teilweise einen nachhaltigen Einfluß auf sie ausgeübt haben, trat die ausführliche Darstellung des Magdalenenberges und der in ihm enthaltenen Funde; und dies ist gewiß kein Verlust. So bedauerlich nämlich auf den ersten Blick hin die Beschneidung einer großzügigen Konzeption auch erscheinen mag, so sehr gewinnt dafür die Möglichkeit an Reiz, ein Museum nur einem einzigen Ausstellungsobjekt zu widmen. Daß Anklänge an das ursprüngliche Konzept in der Didaktik noch vorhanden sind, versteht sich von selber, anders wäre ja eine sinnvolle Einordnung des Magdalenenberges und seines Inhaltes in das kulturelle und historische Geschehen in unserem Lande nicht möglich.

Der Blickfang des Museums, der die Aufmerksamkeit des Besuchers gleich beim Betreten erregt, ist der Boden der Grabkammer des Hallstatt-Fürsten, der in keinem Museum der Welt eine Entsprechung besitzt. An den Wänden ringsum sind entweder die Didaktik oder die Vitrinen mit den Funden untergebracht, lediglich die lange Fensterwand ist hiervon ausgenommen. Hier befindet sich ein erhöhter Laufsteg, der dem Besucher einen umfassenden Überblick über den Kammerboden und einen großzügigen Rundblick im Raum gewährt.

Der Rundgang durch das Museum (dazu die Abb. 1 und 2).

Er beginnt gleich linkerhand des Einganges mit einer allgemeinen Einführung in die historischen und kulturellen Verhältnisse der Hallstatt-Zeit, die den Zeitraum von ungefähr 750–450 v. Chr. einnimmt. Wesentliche Kennzeichen dieses Zeitabschnittes der Vorgeschichte unseres Landes sind die erstmals faßbaren Züge einer fast feudalistisch zu nennenden politischen Ordnung des Gemeinwesens, die sich in den sogenannten Fürstensitzen (etwa die Heuneburg an der oberen Donau) und den verschwenderisch ausgestatteten Grabhügeln dieser Adelsherren ausdrückt, ebenso, wie in den Fernbeziehungen zum Mittelmeerraum, bezeugt durch zahlreiche Importgüter von dort oder im verstärkten Auftreten von Eisen, um nur die wichtigsten zu nennen.

Der bunte Zeitstab am rechten Rand der ersten Tafel ermöglicht eine Einordnung der Hallstattkultur in den Ablauf der vorgeschichtlichen Kulturen unseres Landes und gibt Auskunft darüber, was zur gleichen Zeit in anderen Teilen der damals bekannten Welt geschah.

Die große Europa-Karte, in deren Mittelpunkt das Alpengebiet hervortritt, zeigt die Verbreitung der Hallstatt-Kultur und gleichzeitiger benachbarter Kulturen im Gebiet rings um die Alpen. Soweit uns die Namen der damals lebenden Völker bekannt sind, sind sie eingetragen worden. Daneben finden sich aber auch die bis jetzt bekannten Fürstensitze und die zugehörigen Grabhügel, die sich auf die Zone nordwärts der Alpen beschränken und damit anzeigen, daß sie eine nordwestalpine Erscheinung sind. Wie stark die Beziehung zum Mittelmeerraum und den dort ansässigen Kulturen waren, lassen die eingetragenen Importgüter nach einer Zusammenstellung von W. Kimmig erkennen. Besonders eindrucksvoll zeichnet sich die Rhône als Handelsweg zum Norden ab, von der alten griechischen Niederlassung und Handelsstadt Massilia (heute Marseille) ausgehend.

Eine genaue Abgrenzung der einzelnen Hallstattkulturen bzw. ihrer Nachbarkulturen ist räumlich nur schwer möglich, weshalb auf eine flächige Farbgebung, wie wir sie etwa bei der Ausweisung bestimmter Territorien in unseren Atlanten gewohnt sind, verzichtet wurde.

Auf eine Tafel mit weiteren erklärenden Texten folgt eine kleine Vitrine, die die wenigen Funde enthält, die bei der ersten Ausgrabung im Jahre 1890 im völlig ausgeplünderten Fürstengrab zutage gefördert worden sind.

Vitrine 1

Hier handelt es sich vorwiegend um Gegenstände aus organischem Material, also aus Holz oder Leder, die durch eine Laune der Natur zum Teil ausgezeichnet erhalten geblieben sind. Auffällig sind die Bruchstücke eines Wagenrades, die so groß sind, daß der Raddurchmesser mühelos bestimmt werden kann, auch wenn sie nicht Bruch an Bruch passen. Leider fehlt die zugehörige Radnabe, wie sie uns aus anderen hallstattzeitlichen Fürstengräbern bekannt geworden ist. Das Rad gehört einem verhältnismäßig frühen Typ an, der noch keinen eisernen Felgenreif kannte, stattdessen aber mit langköpfigen Eisennägeln so dicht benagelt war, daß die aneinanderstoßenden Nagelköpfe die eiserne Lauffläche des Rades bildeten. Die Radspeichen sind mit kleinen Nagellöchern versehen, die beweisen, daß sie einst bespannt gewesen sind.

Ein großes Querholz am oberen Vitrinenrand ist der obere Abschluß einer Stuhllehne. Auf seiner Unterseite sind an beiden Enden saubere Zapfenlöcher zur Aufnahme der Zapfen der senkrechten Lehnenholme herausgestemmt. Hier läßt sich der hohe Stand der Holzbearbeitungstechnik erkennen, der ja auch an den Bearbeitungsspuren der Eichenbalken des Kammerbodens abgelesen werden kann.

Unter der Lehne erblickt man eine ganze Reihe kleiner Holzsprossen oder -speichen und rechts daneben zwei Grabscheite, die aber nicht zur urspünglichen Ausstattung des Fürstengrabes gehört haben, sondern von den Grabräubern zurückgelassen worden sind (vgl. Seite 110 im Beitrag Hollstein).

Unten rechts in der Vitrine sind eine Anzahl Leder- und Fellreste befestigt, von denen ein Stück am Rande mit Löchern versehen ist. Durch diese ist noch ein schmaler Lederstreifen hindurchgezogen. Alle übrigen Funde dieser Vitrine sind Kleinfunde, die von den Grabräubern entweder übersehen oder als wertlos erachtet worden sind. Sie bestehen aus Bronze oder Eisen, sind gegossen oder getrieben und stellen meist Beschlag- oder Zierstücke vom Wagen oder von anderen Grabbeigaben dar.

Der Kammerboden (Abb. 1)

Im Anschluß an die wenigen Funde, die aus dem Fürstengrabe stammen, soll die Betrachtung des Grabes selbst oder dessen, was von ihm übrig geblieben ist, stehen.

Im Museum ausgestellt ist nur der riesige Boden der Grabkammer, einige Balken an seinen Rändern deuten lediglich die aufgehenden Wände an, die bei der Ausgrabung noch in einigen Balkenlagen gefunden worden sind. Ihre Aufstellung mußte aus Sicherheitsgründen unterbleiben. Sie sind, wie auch die übrigen Hölzer magaziniert.

Der Boden hat eine Ausdehnung von etwa 6×8 m und ist aus 29 im Querschnitt quadratischen Eichenbalken von 0,30 m Kantenlänge

Abb. 1 Magdalenenberg-Museum Villingen. Innenraum

gefügt worden. Alle Balken waren ursprünglich mit dem Beil sauber und glattflächig behauen worden, wie man es noch sehr schön am Ende des Schlußbalkens direkt beim Grabhügelmodell sehen kann, wo sich übrigens auch ein kleines rechteckiges Zapfenloch befindet. Wenn die Balken heute auch infolge der zweimaligen Freilegung und der damit verbundenen Austrocknung ihre Form weitgehend verloren haben und rissig geworden sind, so waren sie einst doch dicht gefügt und bildeten einen völlig ebenen Fußboden. Das Loch in seiner Mitte wurde erst bei der Grabung im Jahre 1890 mühevoll hineingeschnitten, um zu sehen, ob unter dem Kammerboden weitere Kulturreste vorhanden seien. Mit Hilfe anderer gefundener Balkenreste wurde es für die Ausstellung notdürftig geschlossen (dazu Spindler Abb. 8 und Hollstein Abb. 3).

Die Balken der aufgehenden Wände waren an den Ecken in Blockbauweise ausgeklinkt und zusammengefügt. Trotz der starken Verziehungen und Austrocknungserscheinungen kann man dies erkennen. Das Dach des Blockhauses dürfte einst flach gewesen sein; bei der Ausgrabung 1890 sind seine Balkenlagen in eingebrochenem Zustand gefunden, aber auch beseitigt worden (dazu Abb. 6 im Beitrag Spindler).

Dieses Blockhaus war in seiner Gesamtheit das Grab des Fürsten, in dem er nach seinem Tode mitsamt seinem Wagen und reichhaltigen, sehr wertvollen Gegenständen seines täglichen Lebens beigesetzt worden war. Seine Ruhe ist ziemlich bald gestört worden. Die Räuber müssen fürchterlich gehaust haben, denn die Knochen des Skelettes fanden sich weit verstreut in der Grabkammer. In dieser Hinsicht teilt der Magdalenenberg das Schicksal vieler anderer hallstattzeitlicher Fürstengrabhügel.

Kehren wir nach der Betrachtung des Kammerbodens noch einmal zur Wand mit den erklärenden Texten zurück. Hier sind neben der zuletzt besprochenen Vitrine 1 auf zwei Tafeln einige Sätze zu den jeweiligen Grabungen von 1890 und 1970–73 gesagt, die die Verschiedenheit der Grabungsmethoden und -ziele aufzeigen. Sie leiten über zu der riesigen Vitrine 2, die die Bahre enthält, die auf dem sogenannten »Prozessionsweg« nahe der Grabkammer gefunden worden ist. Auf ihr wird der Grabherr nach seinem Tode im Zuge einer feierlichen Prozession zu Grabe getragen worden sein. Diese Szene ist im

Diorama in der Ecke schräg gegenüber als Schaubild festgehalten (vgl. dazu auch Abb. 15 im Beitrag Spindler).

Die Konservierung der Hölzer erfolgte in jahrelanger und mühevoller Arbeit in den Werkstätten des Römisch-Germanischen Zentralmuseums in Mainz.

Plan und Modell des Grabhügels (Abb. 2)

In der Ecke zwischen der großen Vitrine mit der Bahre und der langen Fundvitrine an der anschließenden Querwand des Raumes steht ein Modell des Grabhügels, ergänzt durch einen schematischen Plan der Gräber, der an der Wand aufgehängt ist. Dieser gibt einen raschen Überblick über die Zahl der Gräber und besonders die Bestattungsarten, die damals üblich waren, also etwa Körpergräber, Doppelbestattungen etc., daneben aber auch über die kreisförmige Anordnung der Nachbestattungen. Was er nicht zum Ausdruck bringen kann, den Höhenbezug der Gräber zueinander, ist aus dem Hügelmodell ersichtlich.

Bei diesem erhebt sich über einem schwarzen Unterbau eine Plexiglaskuppel, die annähernd der Form des Grabhügels entspricht, wenn man von einer technisch bedingten Überhöhung absehen will. Durch sie ist ein Blick in das Innere des Hügels möglich, sodaß man die Lage der Gräber in ihrem horizontalen und vertikalen Bezug zueinander sehen kann. Alle Gräber sind maßstabgetreu ihrer Größe und Tiefe nach angelegt und die Skelette sind mitsamt ihren Beigaben auf dem Grunde eines jeden eingezeichnet. Die Frauengräber sind hier rot, die Männergräber blau eingefärbt. Zur schnelleren Unterscheidung lassen sich beide Grabgruppen getrennt erleuchten.

In der Mitte des Hügels liegt ebenerdig das Grab des Fürsten. In ihm fehlen jegliche Eintragungen, da hier keine Befunde vorliegen. Alle übrigen Gräber, die später angelegt wurden, sind ringsherum in peripherer Lage angeordnet. Dabei wird man bei genauerer Betrachtung feststellen, daß die Toten in der einen Hügelhälfte alle linksläufig, in der anderen hingegen rechtsläufig beigesetzt worden sind. Diese Bestattungsweise ist einzigartig und man kann mit Sicherheit sagen, daß sie gewollt ist, auch wenn sich die Gründe hierfür unserer Kenntnis einstweilen noch entziehen.

Es fällt auf, daß in der Hügelmitte, also im Bereich des Fürstengrabes, offenbar keine Nachbestattungen angelegt worden sind. Solche werden aber auch dort vorhanden gewesen sein, wie wir das aus parallelen Grabungsbefunden schließen können. Wahrscheinlich sind sie in früherer Zeit unbeachtet zerstört worden, wahrscheinlich sogar schon bei der ersten Plünderung des Fürstengrabes.

Die Funde aus allen diesen Nachbestattungen sind, soweit sie sich restaurieren ließen, in zwei großen langgestreckten Vitrinen zur Schau gestellt, die sich an den beiden Querwänden befinden (Abb. 2). Vom Eingang her gesehen enthält die Vitrine an der linken Querwand die Funde aus den Frauengräbern, die an der rechten diejenigen aus den Männergräbern und die Übersicht über die Grabkeramik.

Die Vitrine an der linken Querwand

Die Funde aus den Frauengräbern sind in außerordentlicher Zahl und Vielfalt der Formen zutage gekommen. Leider wissen wir dennoch wenig über das Aussehen der Trachten jener Zeit, weil sich organische Reste, besonders von Stoffen, nicht erhalten haben. So sind wir völlig auf das Trachtzubehör angewiesen, das in einem gewissen Grundstock immer wiederkehrt. Es erschien daher nicht ratsam, die Funde ihrer Art nach in Gruppen zusammenzufassen, um so die ganze Variationsbreite der jeweiligen Typen aufzuzeigen, was für den Fachmann sicherlich von großem Reiz gewesen wäre. Vielmehr wurden die Grabinventare zusammengelassen, um so noch am ehesten den Eindruck eines damals üblichen Trachtzubehörs zu vermitteln. Hierzu wurden diejenigen Gräber ausgesucht, die einerseits besonders gut ausgestattet waren, andererseits aber auch Funde aufzuweisen hatten, die noch gut erhalten waren oder doch zufriedenstellend restauriert werden konnten. So kann vielleicht insofern ein etwas falscher Eindruck entstehen, als nicht alle Gräber so reich ausgestattet gewesen sind wie die gezeigten.

Die Funde sind nach Gräbern getrennt auf Blöcken befestigt und so wie in einem Rahmen zusammengehalten. Da es für den Laien oft nicht

Abb. 2 Magdalenenberg-Museum Villingen. Innenraum

einfach ist, die Funktion der einzelnen Gegenstände zu erkennen, sind auf jedem Block zart getönte Bilder angebracht, die schemenhaft die Gestalt einer Frau (in der anderen Vitrine eines Mannes) zeigen, an deren Kleidung dann der ausgestellte Fund in seiner Funktion und Lage in kräftigen Farbtönen eingezeichnet ist.

So kann man jetzt auf den ersten Blick hin sehen, daß die beiden bronzenen tonnenförmigen Gebilde, die, mit Punzmustern dicht bedeckt, auf dem Vitrinenboden vor dem Ensemble des Grabes 86 stehen, einst als überdimensionale Armbänder gedient haben. Der Gürtel war mit einer Schließe aus Bronzeblech verziert und um den Hals trug die Frau einen hohlen Bronzehalsring. Die Ohren zierten zwei große bandförmige Ohrringe und in den Haaren steckte eine Bronzenadel. Einige kleine Bronzeringchen vervollständigten das Kleidungszubehör.

In der einen oder anderen Form wiederholt sich dieses Schmuckensemble, wobei es natürlich entweder geringer, aber auch wesentlich reicher ausfallen konnte. Man betrachte etwa das Inventar des Grabes 91, das eine ganze Reihe kleiner Bronzenadeln mit Bernsteinköpfen, Ohrringe mit Anhängern, eine Fibel und noch eine kleine Kette enthielt oder das des Grabes 97, aus dem das herrliche Kollier aus Bernsteinperlen stammt, das bislang einzigartig ist (Abb. auf dem Buchdeckel). Aber auch einfacher ausgestattete Gräber kommen vor, wie Grab 65, das außer einem Gürtelhaken nur noch zwei kleinere Armringe aus Gagat enthielt. Die außerordentliche Bedeutung dieses Grabes beruht auf der Beigabe des Gürtelhakens, der einem Typ angehört, der auf der iberischen Halbinsel beheimatet und von dort nach Villingen gekommen ist (dazu die Abb. 42/43 im Beitrag Spindler).

Auf die Grabinventare folgen noch einige Zusammenstellungen von Schmuckgegenständen aus verschiedenen Gräbern. So sind zunächst die verschiedenen Formen der Anhänger zusammengefaßt, die vorwiegend unter Verwendung von Bernsteinen angefertigt worden sind. Darunter befinden sich die Fibeln, also Schmuckstücke, die zum Schmuck ebenso dienten wie zum Zusammenhalten oder Befestigen der Kleidung, etwa einer Bluse oder eines Umhanges. Ihr Verschluß ist der gleiche, wie er heute noch an Broschen oder Sicherheitsnadeln verwendet wird.

Die dritte Tafel ist endlich dem Ringschmuck in seiner Vielfalt vorbehalten und hier wird es wohl am deutlichsten, wie hoch entwickelt die Kunst der hallstattzeitlichen Bronzeschmiede gewesen ist, die ja, gemessen an unseren Werkzeugen, doch mit verhältnismäßig einfachen technischen Mitteln vorlieb nehmen mußten.

In dieser Häufung bisher ebenfalls einzigartig sind die vielen Armringe und Tonnenarmbänder aus Gagat, die darunter auf dem Boden der Vitrine stehen.

Die große Vitrine an der rechten Querwand

Die Ausstattung der Männergräber ist wesentlich einfacher als die der Frauengräber, vor allem wohl deshalb, weil bei den Männern das Schmuckbedürfnis in der Tracht nicht so ausgeprägt gewesen zu sein scheint wie bei den Frauen. Eine oder zwei Fibeln und eine Waffe, mitunter ein Gürtelhaken, das sind in der Regel schon die Dinge, aus denen sich das Grabinventar, sehen wir einmal von den Gefässen ab, zusammensetzt.

Der Tote aus Grab 90 war zu Lebzeiten mit Pfeil und Bogen ausgerüstet. Wenn auch vom Bogen keinerlei Spuren zurückgeblieben sind, ebensowenig wie von den Schäften der Pfeile, so sind aber doch die sieben eisernen Pfeilspitzen da, die uns dies zu erkennen geben (Abb. 54 im Beitrag Spindler). Das Prunkstück ist aber der Dolch gewesen, dessen Wert man auch daran erkennen kann, daß sein eiserner Griff und Scheidenabschluß mit kupfernen Verzierungen ausgelegt worden sind, also eine »Tauschierung« tragen, wie man diese Zierweise nennt (Abb. 55/56 im Beitrag Spindler).

Der Mann, dem das daneben ausgestellte Grab 81 gehörte, trug als Bewaffnung nur eine Lanze, von der wir allerdings nur das lange schlanke Blatt haben. Besondere Aufmerksamkeit verdient seine Fibel mit der eigenartigen Knopfzier, die nicht einer einheimischen Werkstatt entstammt, sondern, ähnlich wie der iberische Gürtelhaken aus dem Frauengrab 65, aus der Fremde gekommen ist, in diesem Falle aus dem slowenischen Raum (Abb. 50 im Beitrag Spindler). Eine ähnliche Dürftigkeit der Grabbeigaben findet sich beim Männergrab 67, in dem sich als Waffe lediglich ein Dolch fand. Ein solcher fehlt zwar bei dem Manne aus Grab 93, der dafür aber gleich mit zwei Lanzenspitzen ausgerüstet war. Die gedrungene Form beider unterscheidet sich stark von der der Lanzenspitze aus Grab 81. Der Mann besaß außerdem zwei Fibeln, mit denen vielleicht ein Umhang festgehalten wurde, wie es auf dem Bild leicht angedeutet ist. Bei diesem Grab handelt es sich übrigens um eine Doppelbestattung, denn in ihm wurde auch das Skelett eines kleinen Mädchens freigelegt. Man muß annehmen, daß es sich hier um Vater und Tochter handelt, die beide, vielleicht an einer Krankheit, gleichzeitig gestorben sind. Der zarte Ringschmuck des Kindes ist so stark korrodiert, daß er nicht mehr zufriedenstellend wiederhergestellt werden kann.

Endlich verdient noch der Mann aus Grab 118 Aufmerksamkeit, der einen sogenannten Antennendolch mit ins Grab bekommen hat. Die Besonderheit desselben bildet die eigenwillige Zier, die sich in der Form einer Drahtumwicklung der Dolchscheide zeigt (Abb. 61 im Beitrag Spindler).

Wie stark zerstört manche Funde aus dem Boden kommen, kann man an dem Beispiel des Gürtelbleches auf der folgenden Tafel sehen, von dem große Teile überhaupt fehlen bzw. als nicht mehr zu bergende Grünspanspuren im Boden lagen. Gleichzeitig wird hier aber auch die Kunstfertigkeit unserer Restauratoren sichtbar, denen es in mühevoller, geduldiger Arbeit gelungen ist, vieles zu retten und wiederherzustellen.

Den Abschluß der Ausstellung bildet dann eine Übersicht über die in den Gräbern gefundene Keramik. Die Gräber des Magdalenenberges waren ungewöhnlich reich damit versehen und stehen in dieser Hinsicht bislang ohne Parallele da. Wenn sich die Formen der Gefäße auch im Rahmen der üblichen Hallstattkeramik halten, so fällt auf, daß es sich durchweg um kleine, dürftig verzierte und einfarbige Gefäße handelt (vgl. Abb. 25 im Beitrag Spindler), während große und bemalte Töpfe lediglich im Frauengrab 78 (große Vitrine gegenüber) gefunden wurden, dort aber so zerstört waren, daß nur noch Zeichnungen nach den wenigen Resten angefertigt werden konnten (vgl. Abb. 23/24 im Beitrag Spindler).

Dem Besuch des Magdalenenberg-Museums sollte sich ein solcher im gegenüberliegenden Raum des Franziskaner-Museums anschließen, in dem die Dendrochronologie untergebracht ist, in deren Abfolge auch die Hölzer aus dem Magdalenenberge eingeordnet sind (vgl. dazu den Beitrag von E. Hollstein S. 97 ff.).

II.

DIE AUSGRABUNG DES MAGDALENENBERGES UND SEINE FUNDE

von
Konrad Spindler

EINLEITUNG

Das Magdalenenberg-Museum im Stadtbezirk Villingen stellt insofern etwas Besonderes dar, als es lediglich Funde eines einzigen archäologischen Objektes der Öffentlichkeit zugänglich macht (vgl. Kap. 1, S. 12). In der Regel ist es Aufgabe der vorgeschichtlichen Sammlungen bzw. der prähistorischen Abteilungen unserer großen Museen, die gesamte Menschheitsentwicklung von ihren Anfängen in grauer Urzeit bis zu ihrem Eintritt in das historische Zeitalter in einer möglichst umfassenden Schau zu demonstrieren. Dies soll und kann im urgeschichtlichen Museum der Stadt Villingen-Schwenningen nicht erreicht werden. Dafür sind die Landesmuseen in Stuttgart und Karlsruhe zuständig, in denen anhand archäologischer Funde aus ganz Baden-Württemberg ein guter Ablauf der Kulturgeschichte des Menschen von seinem ersten Auftreten bis zu den archäologischen Relikten des Merowingerreiches zu betrachten ist. Anliegen der regionalen Urgeschichts-Museen ist dagegen die repräsentative Ausstellung charakteristischer Bodenfunde aus der jeweils unmittelbaren Umgebung der engeren Heimat. In diesen Rahmen fügt sich das Magdalenenberg-Museum, so wie es die Planung des Landesdenkmalamtes vorsieht, gut ein (vgl. Beitrag Neuffer S. 11 ff.).

In den zahlreichen neuen Museums-Ausstellungen, die in den letzten Jahren in Baden-Württemberg eröffnet werden konnten, werden jeweils Funde aus der Stein-, Bronze- und Eisenzeit sowie aus der römischen und alamannisch-fränkischen Epoche dargeboten. Der Versuch, eine Ausstellung dieser Art für Villingen zu arrangieren, mußte scheitern, denn hier herrschen völlig andersgeartete siedlunggeschichtliche Voraussetzungen. Villingen liegt unmittelbar am Fuße der Ostabdachung des Schwarzwaldes, durchschnittlich 750 m über dem Meer. Den kurzen Sommern pflegen lange rauhe Winter zu folgen; kaum einen Monat gibt es im Jahr, der sicher frostfrei wäre. Der urgeschichtliche Mensch mußte günstigere Lebensbedingungen suchen, wollte er den harten Kampf mit der Umwelt bestehen. Nur außergewöhnliche Begebenheiten mochten ihn bewegen, auch tief in die Täler des unwirtlichen Schwarzwaldes vorzudringen.

Wir wissen heute, daß etwa ab 1000 v. Chr. ein neuer Werkstoff in Mitteleuropa bekannt wird, der zunächst noch selten und kostbar war, später aber allgemein zu höchster Bedeutung gelangte: Das Eisen. Zuerst verwendete man es nur als Schmuckmetall, ja man legte feine Eisenstreifen als Zierde in andere Gegenstände, z. B. aus Gold oder Bronze ein. Mit Beginn der älteren Eisenzeit (750–600 v. Chr.) verwandte man für Waffen und Geräte in vielen Fällen schon das neue Metall, aber erst an der Wende zur jüngeren Eisenzeit (um 600 v. Chr.) hatte sich das härtere Metall endgültig gegen die technisch zweifellos ebenfalls hochwertige Bronze durchgesetzt. In dieser Zeit entstand ein richtiger Boom auf Eisen. Prospektoren durchzogen die Länder auf der Suche nach neuen Vorkommen. Der enorme Bedarf ließ selbst unrentable Erzzonen erschließen. Auf diese Weise wurden auch die Erzvorkommen im Flußgebiet der Breg entdeckt, und man begann sie auszubeuten. Die Bergleute siedelten sich auf dem Kapf an, einer Bergnase, die am Zusammenfluß der Kirnach und Brigach aus dem Ost-Plateau des Schwarzwaldes herausgeschnitten wird und eine vorzügliche Verteidigungslage besitzt (dazu Plan Abb. 1 in der vorderen Heftklappe). Gegen das Hinterland sicherte man sich zudem mit einer gewaltigen Befestigungsanlage. Der Stammsitz muß in kurzer Zeit zu beachtlicher Bedeutung gelangt sein; man treibt Handel selbst mit Waren aus den fernsten Gegenden Europas. Die keltischen »Eisenherren« kamen rasch zu großem Reichtum. Und mit dem Wohlstand zog dann auch höfisches Leben auf ihren Burgen ein. In dieser Zeit erkennt man zum ersten Mal in der Vorgeschichte Mitteleuropas so etwas wie ein feudalistisches System.

Die Anwesenheit von keltischen Bergleuten in der Gegend von Villingen etwa zwischen 600–550 v. Chr. ist die einzige vorgeschichtliche Besiedlung, die bislang im Bereich der Ostabdachung des Schwarzwaldes archäologisch nachgewiesen ist. Zu dieser Zeit und an diesem Platz lockten die reichen Eisenerzvorkommen, deren oberflächliche Schürfung aber alsbald nicht mehr lohnend war, da damals der Bergmann noch nicht genügend Erfahrung besaß, um auch unter Tage zu arbeiten. So wurde die vererzte Zone nach kaum einem halben Jahrhundert wieder verlassen; der keltische Stamm zog weiter – wir wissen nicht wohin. Erst die Römer und später die Alamannen besiedelten erneut das Schwarzwaldvorland, während man in den Bergen selbst nicht vor dem hohen Mittelalter die ersten kleinen Dörfer gründete. So ist es zu verstehen, daß im urgeschichtlichen Museum der Stadt Villingen-Schwenningen nur keltische Funde gezeigt werden können. Allerdings wüßten wir kaum etwas von diesem Geschehen, wenn nicht der »Eisenherr« unvermittelt gestorben wäre, und wenn nicht sein Nachfolger ihm eines der größten Grabdenkmäler errichtet hätte, welches bis in unsere Tage bekannt geworden ist.

Damals herrschte bei den keltischen Stämmen der Zone nordwärts der Alpen die Sitte, über dem Grab des Toten einen Grabhügel aufzuschütten. Dieser Brauch entstammt uralten Traditionen, die sich bis weit in die Steinzeit zurückverfolgen lassen. Er stellt die geläufige Grabsitte während der Bronzezeit dar und wird nur vorübergehend zur Urnenfelderzeit (1200–750 v. Chr.) vom Ritus der Leichenverbrennung abgelöst. Während dieser Zeit beerdigt man die aus der verglühten Asche des Scheiterhaufens herausgelesenen kalzinierten Knochenreste in einer Tonurne, für die man lediglich eine kleine Grabgrube aushebt. Viele solcher Begräbnisse bilden dann ein Urnenfeld.

Zu Beginn der Eisenzeit bringen östliche Steppenvölker, die in immer neuen Wellen nach Mitteleuropa eindringen, fremdes Kultur- und Gedankengut herein. Der Grabhügelbau setzt wieder ein, nur daß er wie in der südrussischen Steppe, wie im nördlichen Balkan und wie in Österreich gewaltige, nie gekannte Dimensionen ereicht. Über den Grabkammern ihrer toten Fürsten werden Tumuli mit einer Höhe bis zu 16 m und einem Durchmesser bis zu 100 m aufgeschüttet. Einige der größten Grabhügel Mitteleuropas seien im folgenden aufgezählt:

Name	Ort	Schüttungsmasse
1. Talhau 4	Hundersingen	4 000 m^3
2. Kleinaspergle	Ludwigsburg	7 000 m^3
3. Lehenbühl	Hundersingen	10 300 m^3
4. Großmugl	Niederösterreich	14 000 m^3

5. Gießübel 2	Hundersingen	14 400 m³
6. Baumburg	Hundersingen	19 500 m³
7. Bürgle	Buchheim	21 600 m³
8. Hohmichele	Heiligkreuztal	31 600 m³
9. Magdalenenberg	Villingen	46 000 m³

Meist aber dienen diese Grabhügel nicht nur der Bestattung eines einzigen Toten. Der Tod eines keltischen Fürsten gibt zwar in der Regel den Anlaß zum Hügelbau, doch werden nach seiner Fertigstellung häufig auch noch weitere Stammesangehörige darin beerdigt. Sei es, daß diese in einem uns unbekannten Abhängigkeitsverhältnis zum Fürsten gestanden haben, sei es, daß es Angehörige seines Hofes bzw. seine engsten Verwandten waren, sei es auch nur, daß sie durch ihr Mitwirken am Hügelbau sich das Recht erwarben, in unmittelbarer Nähe ihrer verblichenen Stammesfürsten begraben zu werden.

Es dürfte kein Zweifel darüber herrschen, daß die großen keltischen Fürstengrabhügel mit zu den eindruckvollsten Boden-Denkmälern gehören, die aus der Vorzeit auf uns gekommen sind. Es wundert deshalb nicht, daß sie – vielfach von Sagen umwoben – immer wieder Anlaß zu berufenen und unbefugten Grabungen geboten haben. Die ersten Unternehmungen dieser Art fanden bereits in antiker Zeit statt, oft – so haben moderne Untersuchungen gezeigt – bereits wenige Jahrzehnte nach der Grablege. So drangen etwa Grabräuber in die Gruft des Hügels Talhau 4 ein und beraubten den Toten, dessen Leiche sich noch im Zustand der Verwesung befand. Danach warfen die Räuber das noch im Verband befindliche Skelett achtlos an die Seite, Auch die Beraubung des Hochmichele kann nur kurze Zeit nach der Aufschüttung des Hügels erfolgt sein, denn die Grabräuber verloren im Raubstollen eine Perlenkette, die noch auf unvermodertem Garn aufgefädelt war. Auch die Plünderung des Zentralgrabes im Magdalenenberg fand nur 37 Jahre nach dem Bau der Kammer statt, wie dendrochronologische Bestimmungen anhand der von den Grabschändern zurückgelassenen Holzspaten erwiesen (vgl. S. 110).

Vor allem waren es wohl Sagen von verborgenen Schätzen die – wie etwa auch beim Magdalenenberg bis in die Gegenwart – aus alter Zeit her überliefert waren und immer wieder Anlaß zu Grabungen gaben. Vom Kleinaspergle wissen wir, daß das Zentralgrab noch im Mittelalter aufgesucht wurde. Die optimistischen Schatzgräber hatten den Topf gleich mitgebracht, um darin das Fürstengold abzufüllen. Sicher fanden sie lediglich ein bereits geplündertes Grab vor, so daß sie den Topf wütend in die Ecke warfen, wo er bei der Untersuchung des Hügels im Jahre 1879 wiedergefunden wurde. Es handelte sich um ein Gefäß des 12./13. Jahrhunderts n. Chr., das zur nicht gelinden Verwunderung der modernen Archäologen im Keltengrab lag.

Mit Beginn des 19. Jahrhunderts setzte ein durch wissenschaftliche Ambitionen verstärktes Interesse an den Altertümern unserer heidnischen Vorzeit ein, das sich in zunehmendem Maße auch den im Gelände ja durchaus auffallenden Grabhügeln zuwandte. In diese Zeit fällt eine der frühesten archäologischen Unternehmungen zur Öffnung eines vorgeschichtlichen Großgrabhügels in Mitteleuropa. 1824 haben k. u. k. Sappeure einen Hügel von 15 m Höhe und ca. 60 m Durchmesser, den sog. Hütelberg bei Carnuntum/Deutsch-Altenburg in Niederösterreich, im Stollenbau durchgraben. Mit zwei von außen leicht abschüssig auf das Hügelzentrum gerichteten mannshohen Stollen drangen sie in das Innere des Monumentes vor. Die Aktion war von Erfolg begleitet: man fand eine »Steinplattenkiste und dahinter eine Menge von Pfeilspitzen, Lanzenspitzen, Urnen und verbrannte Knochen«, also wohl das Zentralgrab. Leider blieben die Funde verschollen. Im Stollenbau wurden übrigens nur wenige der hallstattzeitlichen Fürstentumuli angegangen. Außer dem genannten wurde noch das Kleinaspergle bei Ludwigsburg auf diese Weise geöffnet; dieses Unternehmen war von einem geradezu unwahrscheinlichen Glück begünstigt. Der vorgetriebene Stollen stieß direkt auf das unberaubt gebliebene Nebengrab einer keltischen Fürstin, die mit reichen Goldbeigaben, Bronzegefäßen etruskischer Herkunft und zwei attisch rotfigurigen Schalen bestattet war, mit deren einwandfreier Datierung in die Mitte des 5. vorchristlichen Jahrhunderts zum ersten Mal die absolute chronologische Fixierung eines frühkeltischen Fürstengrabes gelang. Allerdings war das ebenfalls entdeckte Zentralgrab dieses Hügels – wie wir oben schon gehört hatten – längst ausgeraubt.

In der Regel aber wurden die großen Grabhügel mit der sogenannten Trichtermethode untersucht. Dabei grub man von der Hügelkuppe aus in einem mehr oder weniger weiten Schacht senkrecht in die Tiefe, um so das vermutete Zentralgrab zu erreichen. Dieses Verfahren hatte meistens Erfolg. Auch der Magdalenenberg wurde so ausgegraben, als sich die Stadt Villingen im Jahre 1890 zu seiner Untersuchung entschloß. Die örtliche Grabungsleitung lag damals in den Händen des verdienten Oberförsters Ganter; die wissenschaftliche Aufsicht führten die Herren E. Wagner und K. Schumacher von der Großherzoglichen Alterthümersammlung in Karlsruhe, beides erfahrene Prähistoriker, bei denen das Unternehmen in den besten Händen lag. Insgesamt dauerte die Grabung damals kaum mehr als drei Wochen und wurde von der Entdeckung einer gewaltigen, wohlerhaltenen Grabkammer gekrönt. Schon damals erregte dieser Fund die Gemüter und man beschloß die aus über 90 Eichenbohlen gezimmerte Gruft im Boden zu belassen und sie der Öffentlichkeit als Besichtigungsobjekt zu erhalten. So blieb die Kammer noch über 90 Jahre lang an Ort und Stelle, wenngleich sie schon nach wenigen Jahren wieder von herabrieselnder Erde und Unrat verdeckt war. Ihre Bergung erfolgte erst im Zuge der 1970 wieder aufgenommenen Grabungen, im Verlauf derer der Fürstengrabhügel vollständig untersucht wurde.

Abb. 1 (Vorderer Innendeckel)

Umgebung des Stadtbezirkes Villingen mit Eintragung der Lage von Kapf und Magdalenenberg

Zu jeder menschlichen Ansiedlung gehört der Friedhof. Früher legte man die Bestattungsplätze meist im Zentrum des Ortes unmittelbar um die Kirche herum an; heute wählt man Plätze am Rande der Stadt oder im Wald, dort wo Ruhe und Frieden herrschen. Auch in der Vorzeit hatte jeder Stamm einen oder mehrere Friedhöfe, auf denen die Verstorbenen nach der jeweils gültigen Sitte beerdigt wurden. Leider gelingt es der archäologischen Forschung nur selten, eine vorgeschichtliche Siedlung mitsamt dem dazugehörigen Gräberfeld zu entdecken. Eine dieser Ausnahmen bildet die hallstattzeitliche Siedlung auf dem *Kapf*, zu der mit an Sicherheit grenzender Wahrscheinlichkeit die Begräbnisstätte auf dem *Magdalenenberg* gehört. Beide Fundstellen datieren in die gleiche Zeit, nämlich in das 6. Jahrhundert v. Chr. Auch das Fundmaterial selbst zeigt manche Gemeinsamkeit.

Der Kapf liegt auf einer Bergzunge hoch über dem Tal der Brigach, dort, wo die Kirnach in sie einmündet. Das Areal gehört zu der Gemarkung des Stadtbezirkes Villingen und findet sich unweit des sog. »Kirnacher Bahnhöfles«, einer Station der Schwarzwaldbahn. In der Nähe hat man einen Waldparkplatz eingerichtet, von wo aus man die prähistorische Ansiedlung mit wenigen Schritten erreicht.

Der Magdalenenberg erhebt sich auf der Höhe des Wahrenberges südlich der Stadt Villingen. Mit Bedacht wählten die Kelten für diesen gewaltigen Grabhügel einen repräsentativen Platz. Von der Kuppe des Tumulus hat man einen weiten Blick ins Land. Im Westen erstrecken sich die dunklen Hänge des Schwarzwaldes. Im Norden schaut man bis zum Dreifaltigkeitsberg mit seinen mächtigen Wallanlagen; im Süden kann man an klaren Tagen die schneebedeckten Gipfel der Alpen erkennen und nach Osten dehnt sich weit das fruchtbare Altsiedelland aus.

Die Entfernung zwischen Kapf und Magdalenenberg beträgt etwa 4 km in der Luftlinie; beide Anlagen haben Sichtverbindung – ein Merkmal, das viele vorgeschichtliche Plätze miteinander verbindet.

Abb. 2

Die Wallanlagen auf dem Kapf

Die Hochfläche des Kapf wurde mit zwei Befestigungswerken gegen das Hinterland gesichert. Auf eine Randbefestigung verzichtete man, da die steilen Talflanken hinreichenden Schutz gewährleisten.

Die innere Anlage zeichnet sich mit dem tiefen Spitzgraben und dem Wall mit Mauerkern noch heute deutlich im Gelände ab. Sie gehört zu einer kleinen mittelalterlichen Fliehburg, welche die gleiche natürliche Verteidigungslage des Spornes nützte wie die äußere hallstattzeitliche Befestigung.

Diese zieht in weitem Bogen von Hangkante zu Hangkante und sichert ein Areal von etwa 2 ha Größe, eine auch für keltische Verhältnisse beachtliche Siedlungsanlage. Im Innern tritt an der Schichtgrenze zwischen Buntsandstein und Granit ein Quellhorizont aus, so daß selbst in Zeiten der Not immer frisches Wasser zur Verfügung stand. Sicher

Abb. 2 Die Wallanlagen auf dem Kapf

hatte man auch nicht das gesamte von der Befestigung eingeschlossene Gebiet mit Häusern bebaut; teilweise waren wohl auch Hürden eingerichtet, um während Belagerungen das Vieh zu sichern. Der ursprünglich durch ein Holzrahmenwerk stabilisierte Wall ist auf dem Bild noch deutlich als Erhebung zu erkennen. Davor liegt ein seichter Sohlgraben, der einmal der Materialgewinnung diente, gleichzeitig natürlich die Fortifikation weiter verbesserte.

Abb. 3

Das Tor der äußeren Wallanlage

Im Jahre 1959 fanden unter der Leitung von Prof. Dr. Wolfgang Hübener, Freiburg i. Br., Ausgrabungen im Bereich der Wallanlagen

Abb. 3 Das Tor der äußeren Wallanlage

auf dem Kapf statt. Dabei untersuchte man auch eine auffällige Lücke, die das äußere Befestigungssystem in zwei Wallschenkel teilte. Es stellte sich heraus, daß sich an dieser Stelle die antike Toranlage befand. Der breite Sohlgraben war unmittelbar vor dem Tor durch eine Erdbrücke unterbrochen. Wie das Tor im einzelnen konstruiert war, ließ sich an Hand der im Boden nachweisbaren Verfärbungen nicht mehr erkennen. Doch ist anzunehmen, daß mit Hilfe mächtiger Torflügel die Zufahrt rasch zu versperren war. Auf der Heuneburg, einer anderen keltischen Siedlung, hat man u. a. auch einen sorgfältig zugerichteten Angelstein gefunden, in dem ein solcher Torflügel wie in einem großen Scharnier leicht geführt werden konnte.

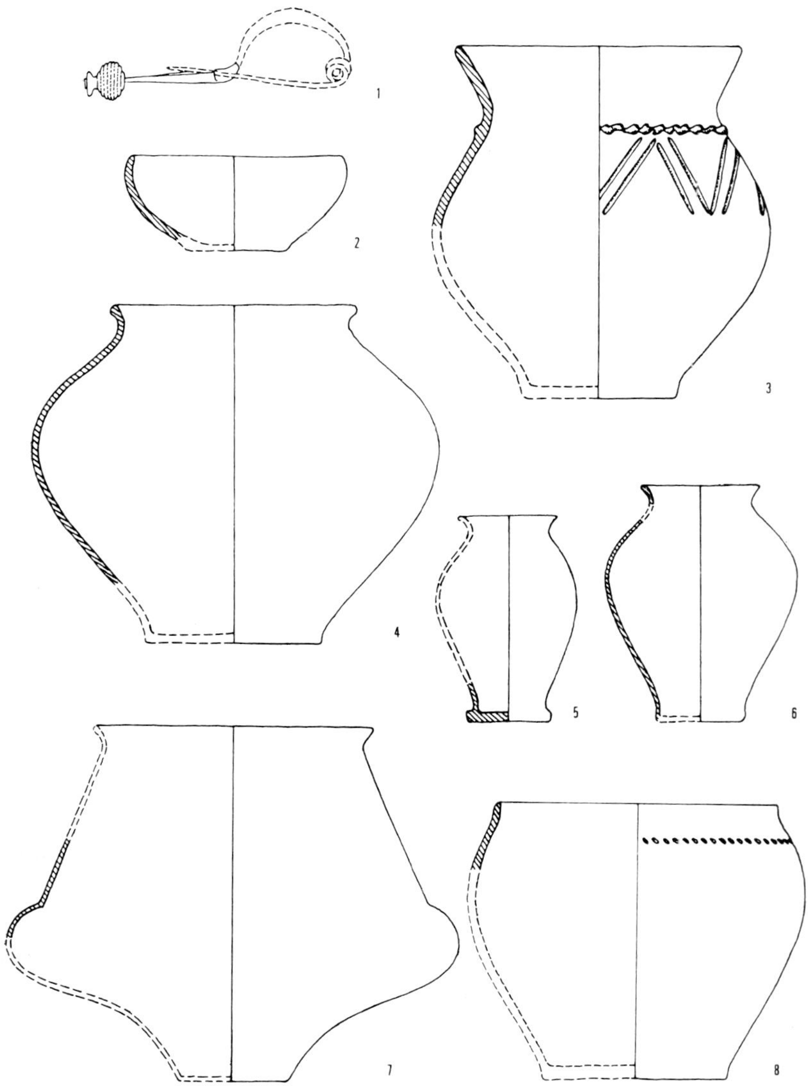

Abb. 4 Funde vom Kapf. – Maßstab: Fibel 1:2, Keramik 1:4

Abb. 4

Funde vom Kapf

Bei den Ausgrabungen auf dem Kapf kamen zahlreiche hallstattzeitliche Siedlungsfunde zum Vorschein. Überwiegend handelt es sich um Keramik, daneben wurde auch eine eiserne Fibel mit Bronze-Fußknopf (1) gefunden. Ganz ähnliche Fibeln lagen in vielen Fällen auch bei den Toten in den Gräbern auf dem Magdalenenberg (Abb. 49). Der Formenschatz der Tonware zeigt das übliche Bild hallstattzeitlicher Siedlungskeramik. So prunkvolle Tongefäße wie aus Grab 78 (Abb. 23 und 24) fehlen in der Regel auf den Siedelplätzen. Hier überwiegen schlichte Schüsseln (2), die zu Dutzenden zu Tage kamen; besonders fallen natürlich die großen Vorratsgefäße (3, 4 und 8) zum Lagern von Korn und Salzfleisch auf. Hin und wieder weisen solche Töpfe eine anspruchslose Verzierung auf (3). Typisch für die erste Hälfte des 6. Jahrhunderts v. Chr. sind dann die Hochhalsgefäße (7), die gelegentlich mit roten Mustern bemalt sein können. Schlanke Vasen (5 und 6) runden das Spektrum der Siedlungsware ab. Die Scherben wurden meist dicht unter der heutigen Bodenoberfläche innerhalb der hallstattzeitlichen Kulturschicht oder in eingetieften Abfallgruben gefunden.

Die relativ geringe Mächtigkeit der antiken Siedlungsschicht auf dem Kapf läßt erkennen, daß dieser Platz nur kurze Zeit – etwa ein halbes Jahrhundert lang – benutzt wurde. Beginn und Ende der keltischen Siedlung auf dem Kapf stimmen auffällig mit der Belegung auf der Gräberstätte vom Magdalenenberg überein. Somit kann als erwiesen gelten, daß die Leute, die auf dem Sporn über Brigach und Kirnach wohnten, auf dem Magdalenenberg ihre Toten beerdigten.

Abb. 5

Die älteste bildliche Darstellung des Magdalenenberges

Von vornherein läßt die Größe der keltischen Siedlung auf dem Kapf über Villingen auf einen bedeutenden keltischen Stamm schließen. Diese Gemeinschaft wird zu Beginn des 6. Jahrhunderts von einem folgenschweren Ereignis betroffen. Sie haben den Tod ihres Stammesfürsten zu beklagen. Entsprechend altkeltischer Sitte wird über dem

Grab des Toten ein Hügel aufgeschüttet, der nun zu den größten Grabdenkmälern Mitteleuropas zählt. Sein antiker Durchmesser beträgt 102 m; heute besitzt er noch die stattliche Höhe von 6,6 m. Die ursprüngliche Höhe wird auf etwa 8 m geschätzt. Insgesamt kamen ca. 45 000 m³ Erdmassen zur Aufschüttung.

So wundert es nicht, daß schon auf den ältesten Darstellungen der Stadt Villingen die markante Silhouette des Magdalenenberges am Horizont eingezeichnet wurde. Der Kupferstich vom Jahre 1704 zeigt eine – im übrigen erfolglose – Belagerung mit der umgebenden Topographie der Stadt. Im Bildhintergrund erkennen wir rechts die Anhöhe des Wahrenberges und, durch das lothringische Kreuz besonders gekennzeichnet, den Magdalenenberg (Pfeil). Demzufolge war also vor fast 300 Jahren der Grabhügel noch deutlich im Gelände zu erkennen, wenngleich natürlich niemand mehr wissen konnte, daß es sich dabei um das Grab eines keltischen Fürsten handelte. Dennoch galt der Ort als nicht geheuer. So ist den Akten eines Hexenprozesses aus dem Jahre

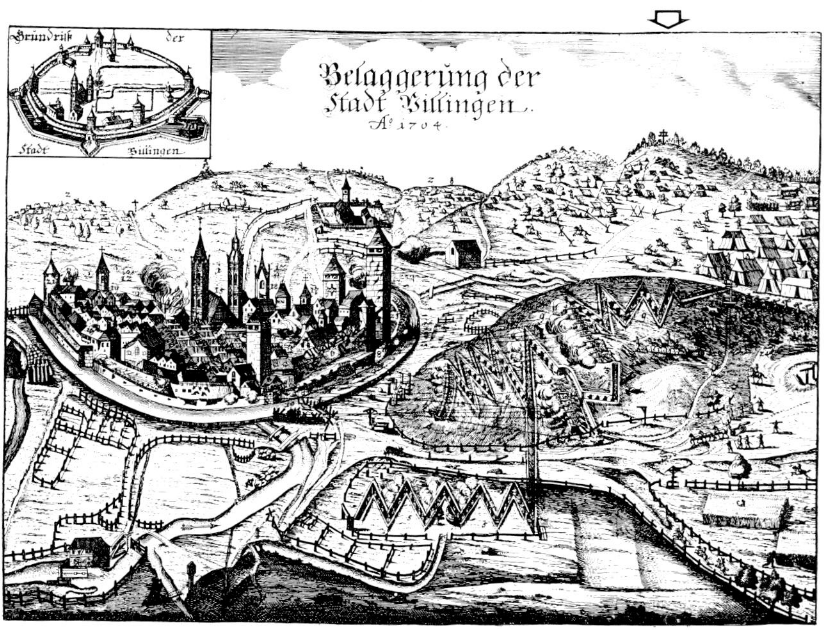

Abb. 5 Die älteste bildliche Darstellung des Magdalenenberges

Abb. 6 Die ihm Jahre 1890 erfolgte Freilegung der zentralen Grabkammer im Magdalenenberg

1633 zu entnehmen, daß ein Mädchen nach der dritten schweren Folter gesteht, sie habe auf dem Magdalenenberg mit dem Teufel in Gestalt eines Buhls getanzt.

Später kam der Hügel unter den Pflug, wodurch er beträchtlich an Höhe verlor. Erst 1887 wird er wieder als künstlich aufgeschütteter Grabhügel identifiziert.

Abb. 6

Die im Jahre 1890 erfolgte Freilegung der zentralen Grabkammer im Magdalenenberg

In der zweiten Hälfte des 19. Jahrhunderts kamen eine große Anzahl bedeutender Funde aus keltischen Fürstengräbern zutage. Zu nennen sind vor allem die Goldreifen aus dem Hügel im Gewann Gießübel bei

Hundersingen, das Grab der Fürstin im Kleinaspergle und weitere Entdeckungen in schweizerischen und ostfranzösischen Fürstengräbern. So wurde auch in der Hoffnung auf kostbare Funde der Magdalenenberg bei Villingen geöffnet. Die Ausgrabung erfolgte in der damals üblichen Weise, daß man den Hügel von der Mitte her antrichterte, um möglichst schnell auf das im Zentrum vermutete Grab zu stoßen. Die Arbeiten im Magdalenenberg erwiesen sich als ungewöhnlich schwierig. Der Boden war naß und verlehmt, also außerordentlich zäh und schwer. In etwa 4 m Tiefe stieß man auf eine mächtige Steinsetzung, aus der merkwürdigerweise Wasser – »wie aus einem Quell« – hervorsprudelte. Drei Tage benötigte man, um dieses Wasser abzupumpen. Erst in 6 m Tiefe stieß man auf die Grabkammer, die – wie die Abbildung zeigt – noch vollständig im Holz erhalten war. Lediglich die ursprünglich horizontale Balkendecke war gebrochen und in das Innere der Grabkammer gesunken.

Abb. 7

Bronzener Aufsteckvogel aus der Zentralkammer

Leider erwies sich das Fürstengrab bei der Untersuchung als bereits antik beraubt. Nur spärlichste Reste der ehemals sicher unermeßlich reichen Grabausstattung waren den Grabräubern entgangen und konnten noch geborgen werden. Dazu gehört der kleine Vogel auf der Abbildung, der ehemals als Aufsatz irgendein Gerät oder den Wagen geziert haben mag. Er ist 4,1 cm hoch und massiv aus Bronze gegossen. Darstellungen von Vögeln – meist Wasservögeln – finden sich vielfach im Bereich der Hallstatt- und der vorangehenden Urnenfelderkultur. Bevorzugt werden vor allem Schiffe und Wagen (»Vogelwagen« und »Vogelbarke«) mit diesen Attributen ausgestattet. Zweifellos ist dahinter eine symbolische Bedeutung zu vermuten, wie sie uns etwa der antike Mythos von der Reise des Apollo im Schwanenwagen überliefert.

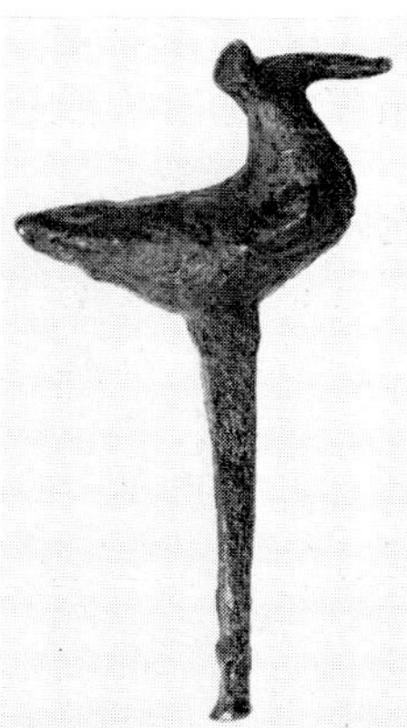

Abb. 7
Bronzener Aufsteckvogel aus der Zentralkammer

Abb. 8 Die 1970 wieder freigelegte Zentralkammer

Von den übrigen Beigaben sind noch folgende Gegenstände erwähnenswert: Zwei Toilettenbesteck-Garnituren, bestehend aus Ohrlöffel, Nagelschneider und Bartzange (siehe dazu auch Abb. 52), Teile vom Pferdezaumzeug, Klapperbleche, Reste der Wagenräder und verschiedene nicht bestimmbare Holzgeräte sowie Teile von solchen.

Darüber hinaus fand sich in der Grabkammer auch das Skelett eines einjährigen geschlachteten Schweines, das dem Toten als Wegzehrung für die Reise ins Jenseits mitgegeben worden war.

Abb. 8

Die 1970 wieder freigelegte Zentralkammer

In den Jahren 1970 bis 1973 wurde der Magdalenenberg unter Einsatz moderner Grabungsmethoden gesamthaft untersucht. Vordringliches Anliegen dabei war die Wiederfreilegung der zentralen Grabkammer, ihre Bergung und ihre Aufrichtung im Museum der Stadt Villingen-Schwenningen, Stadtbezirk Villingen. Dieses Ziel konnte bis 1974 verwirklicht werden.

Seit ihrer ersten Aufdeckung im Jahre 1890 waren vor allem die oberen Lagen der Seitenwände weitgehend vermodert. Die ursprüngliche Kammerdecke war schon seinerzeit verworfen worden. In die Mitte des Kammerbodens hatten die damaligen Ausgräber ein unschönes Loch gestemmt, um die Verhältnisse unter der Anlage zu studieren.

Die Kelten hatten die Grabkammer unmittelbar auf dem gewachsenen Boden aufgeschlagen, der vorher flüchtig gereinigt und planiert worden war. Zuerst verlegte man zwei Unterzüge von ca. 9 m Länge, auf denen insgesamt 29 etwa 5 m lange Balken als Bodenlage aufgekämmt wurden. Erst auf diesen errichtete man das Rahmenwerk der Seitenwände, die eine Höhe von 1,5 m aufwiesen. Die Grabkammer deckte man dann mit einer doppelten Lage von Balken ab. Alle für den Kammerbau verwendeten Hölzer wurden sauber vierkantig geschlichtet. Die Kelten waren meisterhafte Zimmerleute. Die Fugen schließen so dicht, daß man nicht einmal ein Streichholz in die Ritzen schieben kann. Man nahm nur dicke Stämme; insgesamt wurden ca. 90 großwüchsige Eichen verarbeitet. Als Arbeitsgerät diente ausschließlich das Beil; der Gebrauch der Säge war den Kelten nicht vertraut.

Abb. 9

Die Grabkammer während ihres Abtransportes in das Villinger Museum

Die Grabkammer wurde von einem gewaltigen Steinhügel ummantelt, wie auf den Abb. 8, 9 und 11 deutlich zu sehen ist. Es handelt sich um ortsfremden Buntsandstein, der in einer Entfernung von über 2 km ansteht. Allein die Steinabdeckung hat einen Durchmesser von 30 m und eine Höhe von 3,5 m; insgesamt wurden ca. 2500 m³ Felsblöcke verbaut. Offenbar nutzten die Kelten bei diesem Unternehmen auch die tierische Arbeitskraft – wie z. B. Ochsengespanne –, denn am Ende des Steinhügels kamen mehrfach tierische Exkremente, vor allem Kuhfladen, zum Vorschein.

Abb. 9 Die Grabkammer während ihres Abtransportes in das Villinger Museum

Nachdem schon während der Ausgrabung von 1890 die Steindecke über der Grabkammer abgeräumt wurde, mußte für die Bergung im Jahre 1973 auch noch eine Zufahrt für die Transportfahrzeuge freigemacht werden. Das Bild zeigt die von Norden angelegte Einfahrtschneise, unmittelbar vor der Bergung des ersten Balkens der Bodenlage.

Gut sind auch die Köpfe der beiden längsliegenden Unterzüge zu erkennen. Die gesamte Bodenlage und der unterste Rahmen der Seitenwände wurden originalgetreu im Museum wieder aufgebaut (dazu Abb. 1 auf S. 15).

Abb. 10

Das Schnittkreuz im Nordteil des Grabhügels zu Beginn der Ausgrabung 1970

Die Bergung der zentralen Grabkammer war nicht das einzige Ziel der 1970 wieder aufgenommenen Untersuchungen im Magdalenenberg. Vielmehr sollte dabei auch festgestellt werden, ob der Grabhügel noch

Abb. 10 Das Schnittkreuz im Nordteil des Grabhügels zu Beginn der Ausgrabung 1970. Luftbild: Freigegeben durch das Regierungspräsidium Südbaden Nr. 303/59/1. 6. 70

sonstige archäologische Befunde enthielte. Zu diesem Zweck legte man radial in den Hügel hinein einen Sondierschnitt von 15 m Breite an, um einen ersten Einblick in das Monument zu gewinnen. Rechtwinklig dazu wurde die gesamte Aufschüttungsmasse in jeweils 3 m breiten Streifen erschlossen. Man arbeitete immer bis auf den gewachsenen Boden hinab, so daß mit Sicherheit alle Details zu beobachten waren.

Im Luftbild ist das Schnittkreuz mit den Zeltdächern, dem Kran, dem Förderband und der Stromstation gut zu erkennen. Der Radialschnitt ist gerade bis zum Rand des Grabungstrichters von 1890 vorgedrungen.

Schon in den ersten Wochen der neuen Grabungskampagne rechtfertigte sich die großzügig angelegte Untersuchung. Allenthalben kamen in der Hügelschüttung Nachbestattungen zum Vorschein, aus denen der größte Teil des im Museum ausgestellten Fundgutes stammt.

Abb. 11 Stand der Grabung Ende 1970. Luftbild: Freigegeben durch das Regierungspräsidium Südbaden Nr. 16/52/54/27

Abb. 11

Stand der Grabung Ende 1970

Die Luftaufnahme zeigt das Monument von Norden her. Im Vordergrund sind die schon zu beachtlicher Höhe angewachsenen Aushubhaufen zu erkennen. Ein wesentlicher Teil im Nordsektor des Hügels ist bereits fertig untersucht. Die Schnittführung wurde terrassiert, um die Profile wegen der Einsturzgefahr nicht übermäßig in die Höhe wachsen zu lassen. Der breite Schnitt in das Hügelzentrum hinein hat zur Wiederfreilegung der Fürstengrabkammer geführt; auch ein Teil des inneren Steinmantels ist sichtbar.

Auf diese Weise wurde die gesamte Aufschüttungsmasse des Grabhügels sorgfältig untersucht. Bis zum Ende der letzten Grabungskampagne im Herbst 1973 setzte man dabei 45 000 m^3 Erde um. Dieser gewaltige Arbeitsanfall konnte nur unter Einsatz von Maschinen, wie Bagger, Schubraupe und Frontlader bewältigt werden.

Die Kosten der ersten Grabungskampagne übernahm die Stadt Villingen. Von 1971 bis 1973 finanzierte die Deutsche Forschungsgemeinschaft die Untersuchungen am Magdalenenberg. Insgesamt sind weit über 700 000 DM für die Ausgrabungen aufgewendet worden.

Abb. 12 Der Ostteil des Grabhügels während der Ausgrabung

Abb. 13 Freilegen und Vermessen von Gräbern im Ostteil des Grabhügels

Ab. 12 und 13

Ausgrabungsarbeiten im Ostteil des Grabhügels

Während die schweren Erdarbeiten überwiegend mit Maschinen bewerkstelligt wurden, mußte die Freilegung und Untersuchung der Einzelbefunde, wie etwa der Grabanlagen, mit der Hand erfolgen. Zunächst läßt man die Gräber grob mit Schaufel und Spaten aufdecken, danach wird mit Feingerät geputzt. Diesen Zustand hält man durch eine maßstabgerechte Zeichnung fest. Gegen die Unbill der Witterung schützen Zeltdächer, die zudem auch die Austrocknung durch Sonnenbestrahlung zu verhindern hatten.

Abb. 14

Die Freilegung von Grab 93

Zwei Mitarbeiter des Magdalenenberg-Teams legen die Bestattungen des Grabes 93 frei. Sorgfältig werden mit Pinsel und Spachtel die Gebeine der beiden Toten herauspräpariert. Diese mühselige und ver-

Abb. 14 Die Freilegung von Grab 93

antwortungsvolle Arbeit dauert oft Tage, da die Knochen bei der geringsten Berührung zu zerfallen drohen. In diesem Grab ruhten zwei Tote, offenbar ein Vater mit seinem heranwachsenden Kind. Doppelbestattungen sind selten. Da nicht anzunehmen ist, daß selbst in einer größeren Gemeinschaft zwei Menschen an einem Tag sterben, wird man an freiwillige oder erzwungene Totenfolge denken müssen.

Abb. 15
Tragbahre aus Fichtenholz

Außer den Nachbestattungen kamen noch viele weitere interessante Befunde aus den Schüttungsmassen des Grabhügels zutage. So wurde unmittelbar am Fuße des inneren Steinhügels etwa 6 m unter der heu-

Abb. 15 Tragbahre aus Fichtenholz

tigen Hügeloberfläche eine Tragbahre von ca. 2,5 m auf 1,5 m Größe aus Fichtenholz gefunden. Sie besteht aus zwei Längshölzern, die durch fünf sorgfältig eingezapfte Querstreben miteinander verbunden sind. Man nimmt an, daß auf dieser Bahre der tote Fürst zur Grabkammer getragen wurde. Durch die günstigen Konservierungsbedingungen in der Hügelerde des Magdalenenberges blieben die Hölzer über 2500 Jahre tadellos erhalten. Auf diese Weise gelingt ein seltener Einblick in das frühkeltische Totenritual, wie es an keinem anderen Fundplatz sonst zu beobachten war. Die Tragbahre wird von mehreren schweren Eichenstämmen flankiert, die auf eine Länge von ca. 20 m in südlicher Richtung von der Kammer weg verfolgt werden konnten. Diese Trasse läßt an einen Prozessionsweg denken, auf dem sich der Leichenzug, voran die Träger mit dem aufgebahrten Fürsten, zur endgültigen Ruhestätte des Verstorbenen begab.

Abb. 16 (Faltplan)

Gesamtplan der Ausgrabungen vom Magdalenenberg

Insgesamt wurden auf dem Magdalenenberg 127 Gräber nachgewiesen. Mit Nr. 1 hat man das zentrale Fürstengrab beziffert; die Nachbestattungen 2 bis 127 wurden fortlaufend in der Reihenfolge ihrer Aufdeckung numeriert. Die meisten Gräber enthielten Körperbestattungen. Dabei hatte man den Toten mit voller Tracht in einer Sargkammer beigesetzt. Einige Tote äscherte man älterhallstättischer Sitte entsprechend ein. In solchen Fällen wurde lediglich die aus dem ausgebrannten Scheiterhaufen gesammelte Asche beerdigt. Dreimal (Grab 56, 75 und 106) erfolgten noch sogenannte birituelle Bestattungen. Darunter versteht man ein Doppelgrab, in dem der eine Tote körper-, der andere brandbestattet wird. Diese Gräber sind gute Beispiele für die Übergangsphase, während der die ältere Brandgrabsitte allmählich von der Körpergrabsitte abgelöst wird. Der Plan zeigt auch, daß alle Gräber streng tangential zur Hügelmitte angelegt wurden. Das Zentrum ist aber nur scheinbar bestattungsfrei, da in diesem Bereich die Befunde wegen der Erosion der Hügelkuppe weitgehend zerstört sind. Der keltische Friedhof auf dem Magdalenenberg gilt als die größte Nachbestattungsnekropole des westlichen Hallstattkreises.

Abb. 17

Lage der Nachbestattung 29 im Grabhügel

Die Abbildung zeigt einen Ausschnitt des Hügelprofils im Bereich der Nachbestattung 29. An dieser Stelle ist das Monument ca. 4 m hoch. Das Grab liegt – wie auf dem Plan Abb. 16 ersichtlich – am halben Hang im Westteil des Hügels. Zuunterst erkennt man die alte Oberfläche als schräg schraffiertes Humusband. Dort befand sich eine kleine Feuerstelle; daneben lagen noch Holzspäne, mit denen die Flammen beschickt wurden. Der untere Teil der Hügelschüttung läßt deutlich die Soden erkennen, aus denen der innere Hügelkern aufgestapelt wurde. Darüber lagerte man dann – hier gepunktet dargestelltes – Sand- und Erdmaterial ab. Die obere Begrenzung des Profils bildet die gegen-

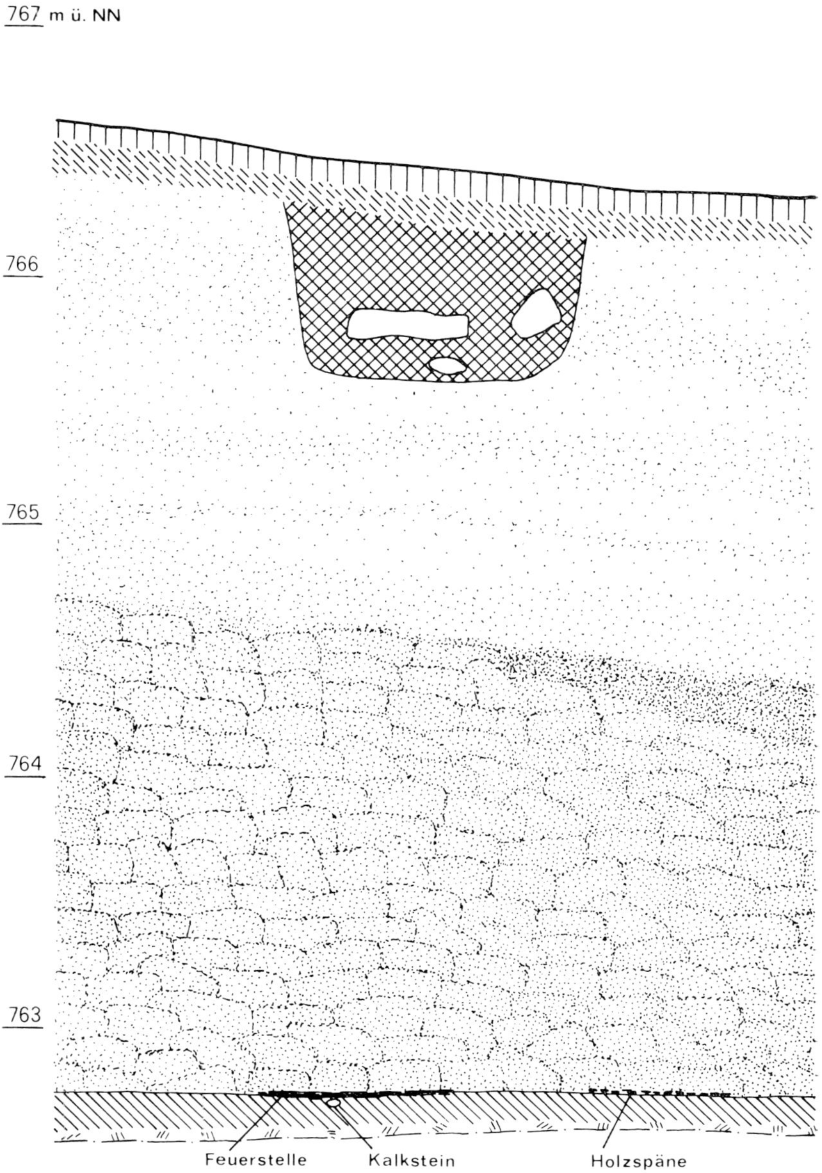

Abb. 17 Lage der Nachbestattung 29 im Grabhügel

wärtige Beackerungsschicht. In die Hügelschüttung tiefte man die Gruben für die Nachbestattungen (Kreuzschraffur) ein. Grab 29 wurde etwa einen Meter tief ausgehoben. Andere Nachbestattungen legte man seichter oder auch noch tiefer an. In den Schacht ließ man dann den Sarg hinab und überdeckte ihn mit Steinen (weiße Flächen). Den Rest der Grabgrube füllte man wieder mit der ausgehobenen Erde auf. Es ist interessant zu bemerken, daß die Nebengräber in gewissem Sinn den Bestattungsritus des Hauptgrabes imitieren: Eine hölzerne Sargkammer wird zunächst mit Steinen, dann mit Erde überdeckt. Sicherlich waren alle Nachbestattungen obertägig gekennzeichnet, da Überschneidungen von Gräbern nicht vorkommen. Vermutlich handelte es sich um Grabstelen aus Holz, die sich natürlich nicht erhalten haben.

Abb. 18

Die Steinpackung über Grab 35

Wie für den Steinmantel über der zentralen Fürstengrabkammer hat man auch für die Abdeckung der Nachbestattungen den ortsfremden Buntsandstein verwandt. Dabei wurden Felsblöcke bis über einen Meter Länge und bis zu mehreren Zentnern Gewicht verbaut. Die

Abb. 18 Die Steinpackung über Grab 35

Abb. 19 Die Steinpackung über Grab 78

Steinpackungen können über einen Meter Mächtigkeit erreichen und füllen meist die Grabgrube dicht aus. Da der Holzsarg fast immer kleiner war als die Grabgrube, wurde er zunächst mit Steinen verkeilt und dann mit einer Packung überlagert. So war das Grab wirkungsvoll und der Sitte entsprechend geschützt.

Abb. 19

Die Steinpackung über Grab 78

Die mit einem Umfang von 3 m auf 5 m größte Steinpackung lagerte über Grab 78. Tonnenweise hatte man das Gestein aus über 2 km Entfernung herbeigeschafft. Bei dieser Grabanlage handelt es sich um ein sogenanntes Etagengrab. Zwei Tote waren darin übereinander – sozusagen auf zwei Etagen – bestattet worden. Zuunterst lag eine wegen ihrer reichen Beigaben sicher zum näheren Umkreis des Fürstenhauses gehörige keltische Frau in einer Grabkammer aus Tannenholz. Über dieser ruhte, nur getrennt durch die Steinschicht, ein Mädchen in schlichter Tracht ohne nachweisbare Reste eines Leichenbehälters. Man glaubt, daß hier die adlige Frau zusammen mit ihrer Zofe, die ihr mit in das Grab zu folgen hatte, beerdigt wurde. Ein solch grausames Totenritual wird durch Herodot von den südrussischen Skythen berichtet, die etwa zur gleichen Zeit in den Steppengebieten um das Schwarze Meer wohnten.

Abb. 20

Brandgrab 22 mit freigelegter Steinpackung vor und nach der Öffnung

Die meisten Toten bekamen ein Körpergrab; nur wenige wurden eingeäschert (siehe Plan Abb. 16; die Brandgräber sind gesondert bezeichnet). Das Brandgrab 22 hatte nur eine kleine Steinpackung von 1 m auf 1 m Größe. Nach dem Abdecken der oberen Steinlage (Bild oben) kam in der Mitte der Leichenbrandhaufen zutage (Bild unten). Daneben fand sich ein kleines Gefäß (siehe Abb. 25). Während der Urnenfelderkultur (1200–750 v. Chr.) und während eines älteren Abschnittes der Hallstattkultur (Ha C; 750–600 v. Chr.) herrscht fast ausschließlich die Sitte der Leichenverbrennung vor. Mit dem Eindringen neuen Gedankengutes – überwiegend wohl aus südöstlichen und südlichen Regionen – wird dieser Brauch zugunsten der Körperbestattung aufgegeben, die sich dann im jüngeren Abschnitt der Hallstattkultur (Ha D; 600–450 v. Chr.) völlig durchsetzt. Die Belegung des Gräberfeldes auf dem Magdalenenberg beginnt zu einem Zeitpunkt, an dem schon überall körperbestattet wird, einige Tote aber immer noch auf dem Scheiterhaufen verbrannt werden. Daß so verschiedene Bestattungssitten nebeneinander her geübt werden, ist in allen Epochen der Prähistorie und der Geschichte zu beobachten, so z. B. während der Römerzeit und auch noch heute in unserer modernen Zeit.

Abb. 21

Körperbestattung im Grab 78 oben

In der Regel ruhen die Toten in gestreckter Rückenlage mit den Armen parallel zum Oberkörper. Das Bild zeigt das Skelett jener jungen Frau, die der adligen Dame aus Grab 78 mit in den Tod zu folgen

Abb. 20 Brandgrab 22 mit freigelegter Steinpackung vor und nach der Öffnung

Abb. 21 Körperbestattung im Grab 78 oben

hatte (vgl. Abb. 19). An Beigaben besaß sie lediglich eine einfache Haarnadel, zwei Ohrringe und Reste eines Leibriemens. Spuren eines Leichenbehälters, etwa eines Sarges oder eines Bahrtuches haben sich nicht erhalten. Meist sind Faserreste von Holz oder Textilien noch im Bereich der Metallbeigaben nachweisbar, doch in diesem Fall ließ sich nichts dergleichen erkennen. Einer Dienerin ziemte wohl nur ein schlichtes Begräbnis.

Abb. 22

Kriegergrab 51

Im Grab 51 war ein erwachsener Mann bestattet. Das derbe Skelett ist recht gut erhalten. Neben dem Kopf erkennt man eine fast 50 cm lange Lanzenspitze aus Eisen. Um das linke Handgelenk trägt der Tote zwei schlichte Armreifen aus Bronze. Schmuckbeigaben in Männergräbern stellen eine Ausnahme dar. Neben dem rechten Knie fand sich

Abb. 22 Kriegergrab 51

noch ein arg zerscherbtes Töpfchen aus Ton (vgl. dazu Abb. 25). Im Bild nicht zu erkennen ist die Fibel, mit der er sein Gewand zusammengehalten hat; sie war zwischen die Knochen des Schultergürtels gerutscht.

Abb. 23 und 24

Verzierte Tongefäße aus Grab 78

Das reich ausgestattete Grab 78 enthielt unter anderem auch die beiden 26 und 28 cm hohen Gefäße aus Ton. Die Kelten besaßen ein blühendes Töpfereigewerbe; aufgrund zahlreicher gemeinsamer Merkmale ist sicher, daß die beiden abgebildeten Gefäße aus der gleichen Werkstatt stammen. Leider läßt im 6. Jahrhundert der Brauch nach, den

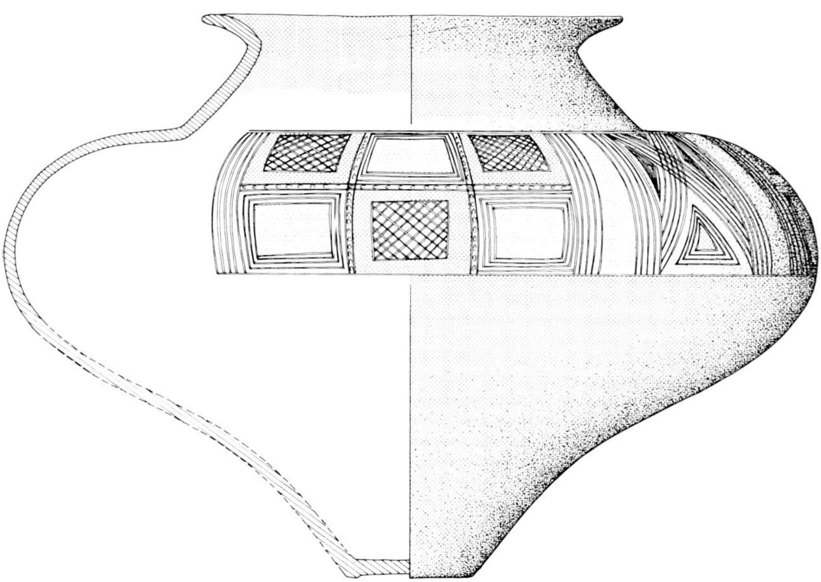

Abb. 23 Reich verziertes Kegelhalsgefäß aus Grab 78

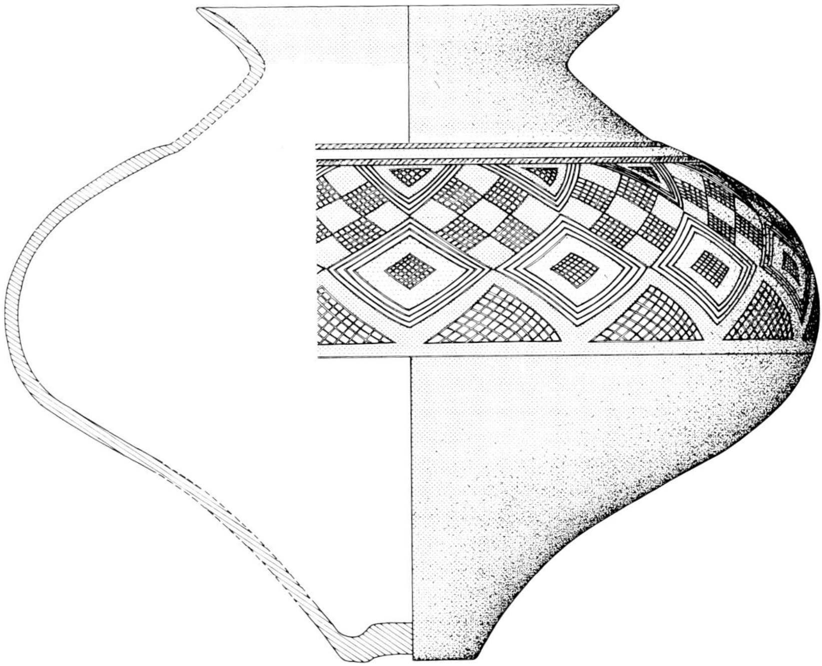

Abb. 24 Reich verziertes Kegelhalsgefäß aus Grab 78

Toten kostbare Keramik mit ins Grab zu geben. Aus diesem Grunde wurde auf dem Magdalenenberg nur in drei Gräbern derartig schön verzierte Tonware gefunden. Die Keramik ist sehr dünnwandig hergestellt, aber nicht auf der Töpferscheibe gedreht, da diese erst zu Anfang des 5. Jahrhunderts v. Chr. in der Zone nordwärts der Alpen bekannt wird. Das Dekor ist sehr sorgfältig eingeritzt, als Motive herrschen Quadrat-, Rauten- und Dreiecksmuster vor. Zusätzlich wird die Gefäßoberfläche durch Röten und Graphitmalerei farbig belebt. Beide Gefäße wurden unter der mächtigen Steinpackung des Grabes 78 so stark zerscherbt, daß sie sich leider nicht mehr restaurieren ließen. So kann nur die zeichnerische Wiederherstellung einen Eindruck von der Kunstfertigkeit der keltischen Töpfer vermitteln.

Abb. 25

Miniaturgefäße aus verschiedenen Gräbern vom Magdalenenberg

Während Großkeramik der Art wie auf Abb. 23 und 24 nur in Ausnahmefällen mit in das Grab gegeben wird, sind in fast allen anderen Bestattungen ein – in Doppelgräbern zwei – Miniaturgefäße zu finden. Sie liegen an verschiedenen Stellen meist im Bereich der Füße, aber auch bei der Hand oder am Kopf des Toten. Ihre Größe schwankt zwischen drei und zehn Zentimetern; fast immer sind sie unverziert und nur sehr

Abb. 25 Miniaturgefäße aus verschiedenen Gräbern vom Magdalenenberg. Jeweils von links nach rechts: Obere Reihe: Grab 122, Grab 117, Grab 109; Mittlere Reihe: Grab 99, Grab 86, Grab 85, Grab 101; Untere Reihe: Grab 84, Grab 87, Grab 98

Abb. 26 Lage der Haarnadeln am Kopf der Bestattung 56 (Grabungsbefund)

roh gearbeitet. Da sie obligatorisch zur Totenausstattung gehören, müssen sie eine bestimmte Rolle im Bestattungsritus gespielt haben; welche, wissen wir nicht. Vielleicht verwahrten sie eine kostbare Spezerei oder ein Parfüm. Wahrscheinlicher aber ist, daß sie eine Speise- oder Trankspende enthielten und so die Teilnahme des Verstorbenen am Totenmahl symbolisieren sollten.

Abb. 26 und 27

Haarnadeln und Ohrschmuck aus Grab 56

Die keltische Frau ist reich mit Schmuckbeigaben ausgestattet. Gebrauchsspuren und Flickstellen an vielen Schmuckstücken zeigen, daß sie zu Lebzeiten ständig getragen wurden. Mehr oder weniger umfangreiche Schmuckgarnituren weisen auf den Rang der Verstorbenen hin. Die Frau aus Grab 56 trug neben anderem einen sehr schönen Kopfputz. Die Abbildung 26 zeigt die Fundsituation im Grabe an. Der

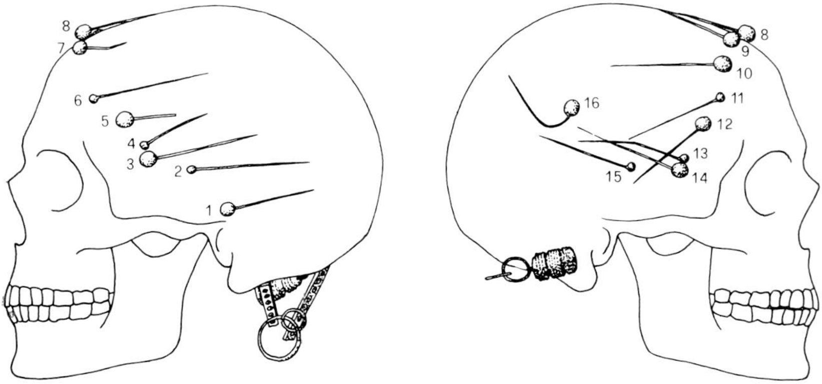

Abb. 27 Lage der Haarnadeln am Kopf der Bestattung 56 (zeichnerische Wiedergabe)

Schädel lag auf der rechten Seite. Deutlich erkennt man auf der linken Schläfe eine größere Anzahl von Nadeln. Nicht mehr festzustellen ist, ob mit ihnen eine kunstvolle Frisur festgesteckt oder ob ein Haarband bzw. eine Kopfhaube geziert wurde. Die Zeichnung Abb. 27 gibt die genaue Lage jeder der insgesamt 16 Nadeln an. Es handelt sich um zwei verschiedene Typen von Nadeln; die einen haben einen kleinen massiven Bronzekopf, den anderen wurde eine fein durchbohrte Bernsteinperle aufgeschoben. An den Schläfen wechselten die verschiedenen Nadeln einander ab; nur über dem Scheitel waren drei gleiche Nadeln mit Bernsteinköpfen festgesteckt. An den Ohren trug die Frau zwei kunstvoll gedrechselte Anhänger ebenfalls aus Bernstein und um den Hals ein Kollier, welches von zwei mit Kreisaugen verzierten Schiebern aus Hirschhorn gehalten wurde. Außer der erwachsenen Frau war in Grab 56 noch eine zweite Person beerdigt worden. Diese hatte man eingeäschert und nur den Leichenbrand beigesetzt.

Abb. 28

Auswahl der Schmuckbeigaben aus Grab 95

In Grab 95 hatte man ebenfalls eine Frau bestattet. Von ihren reichen Schmuckbeigaben sehen wir den Halsring, eine Fibel und zwei Nadeln. Wie bei der Dame aus Grab 56 (Abb. 26–27) wurden die beiden Bronzenadeln mit den massiven Köpfen im Bereich des Schädels gefunden. In dieser Region lag auch die kleine nur 6 cm lange Kahnfibel; sicher hat man mit ihr ein Haarband zusammengehalten. Charakteristisch für die Tracht der keltischen Frau ist der Halsreif, den es in verschiedenen Ausfertigungen gibt. Dieser ist aus einem drehrunden

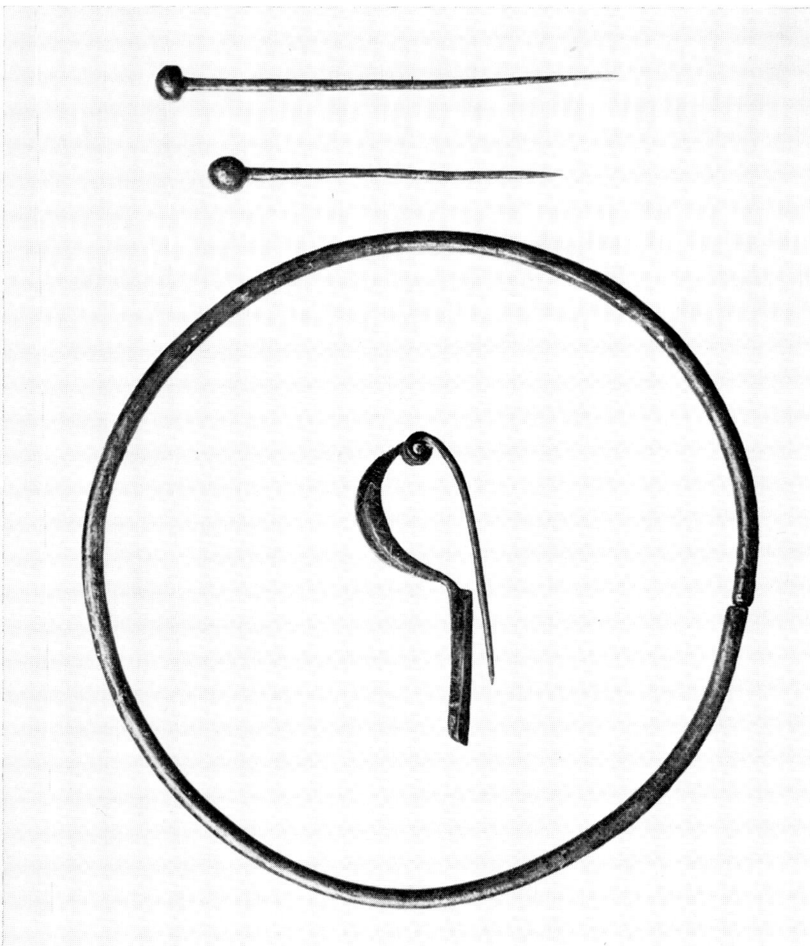

Abb. 28 Auswahl der Schmuckbeigaben aus Grab 95

Stab gebogen und hat einen Durchmesser von 12,5 cm. Daneben besaß die Tote noch Ohrringe, Armreifen, einen bronzebeschlagenen Gürtel und hohe verzierte Tonnenarmbänder. Auch das kleine Beigefäß fehlte nicht.

Abb. 29

Haarnadeln aus Grab 78

Besonders kunstvoll waren die Haarnadeln der Dame aus Grab 78 gestaltet. Insgesamt besaßen sie eine Länge von jeweils 8 cm; davon war ein 1,5 cm langes Oberteil verziert. Unter dem Binokular ließ sich deutlich erkennen, daß dieses Dekor sorgfältig eingefeilt war. Abwechselnd waren Riefen und Fazetten angebracht. Dazu müssen winzige Feilen verwandt worden sein. Merkwürdigerweise fanden sich diese Nadeln nicht im Bereich des Schädels, wo man sie erwartet hätte, sondern zu Füßen der Bestattung, dort, wo auch die beiden großen Gefäße (vgl. Abb 23 und 24) standen. Deshalb ist anzunehmen, daß die Frau neben ihrer Tracht, die sie am Leibe trug, noch zusätzlich Textilien – wie z. B. eine Kopfhaube – aus ihrer Aussteuer mit ins Grab bekam, die dann an anderer Stelle im Sarg deponiert wurden.

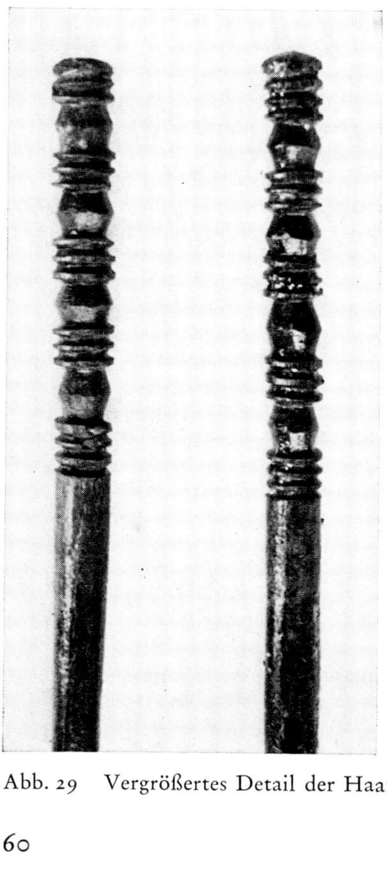

Abb. 29 Vergrößertes Detail der Haarnadeln aus Grab 78

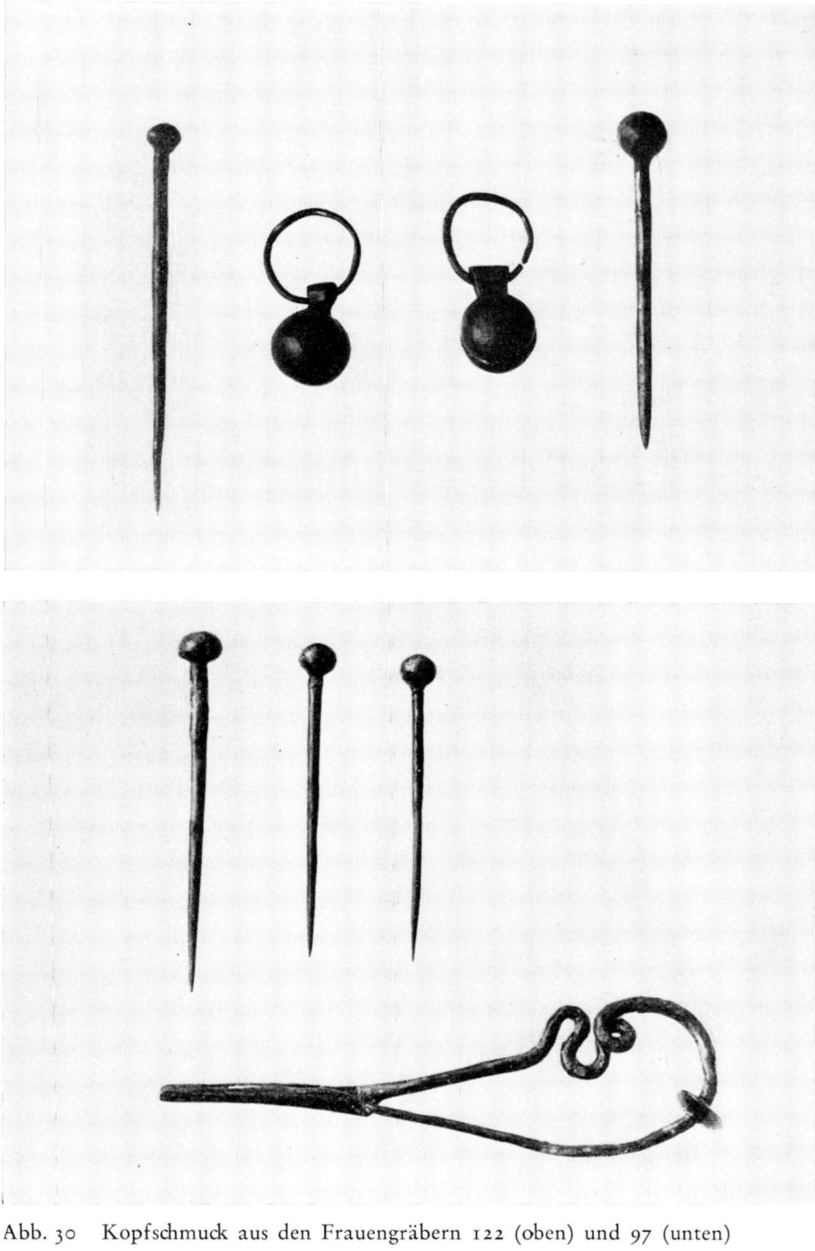

Abb. 30 Kopfschmuck aus den Frauengräbern 122 (oben) und 97 (unten)

Abb. 30

Kopfschmuck aus den Frauengräbern 122 (oben) und 97 (unten)

In fast allen Frauengräbern begegnen die kleinen Haarnadeln mit massivem Bronzekopf. Seltener dagegen sind etwa solche Ohrbommeln wie aus Grab 122. Sie bestehen aus zwei halbkugeligen Blechschalen, die durch eine Öse miteinander verbunden sind. Durch diese fädelt man einen kleinen Bronzering, mit dem die Bommel dann am Ohrläppchen befestigt wird.

Zum Kopfputz der Frau aus Grab 97 gehört neben den üblichen Haarnadeln noch eine sogenannte Schlangenfibel, die sicherlich die gleiche Funktion wie die Kahnfibel aus Grab 95 hatte (vgl. Abb. 28). Bei der Schlangenfibel wird die Spannung nicht wie üblich durch eine Spirale erzeugt (vgl. z. B. die Fibeln auf Abb. 49), sondern mittels einer raffinierten Bügelwindung. Als »Faltenwehr« diente eine kleine aufgeschobene Bronzescheibe.

Abb. 31 Ohrbommel aus Grab 45

Abb. 31

Ohrbommel aus Grab 45

Neben Ohranhängern wie aus Grab 122 (vgl. Abb. 30 oben) gibt es noch eine andere Art von Bommeln; bei diesen werden zwei dünne Bronzehalbkugeln mit einem Stift zusammengefügt, in dessen Öse dann ein Ring eingehängt wird. Das Innere der Kugel ist mit einer noch nicht identifizierten organischen Masse gefüllt. Diese Ohrbommel wurde zusammen mit einer zweiten, einem kleinen eisernen Gürtelhaken und zwei Armringchen in einem Kindergrab gefunden.

Abb. 32/33 Halsringe aus Grab 101 und dem Kindergrab 90

Abb. 32 und 33

Halsringe aus Grab 101 und dem Kindergrab 90

Einer der schönsten Halsreifen stammt aus dem Frauengrab 101. Er besteht aus massiver Bronze; die Torsion wurde bei der Herstellung des Ringes mitgegossen, ist also nicht erst nachträglich eingraviert oder eingefeilt worden. Der Halsring ist offen und konnte so nach Wunsch an- oder abgelegt werden. Ringe dieser Art mit gedrehten Mustern sind charakteristisch für die keltische Tracht. Noch Cäsar beschreibt den gallischen »Torques« als Standessymbol seiner gegnerischen Stammes-

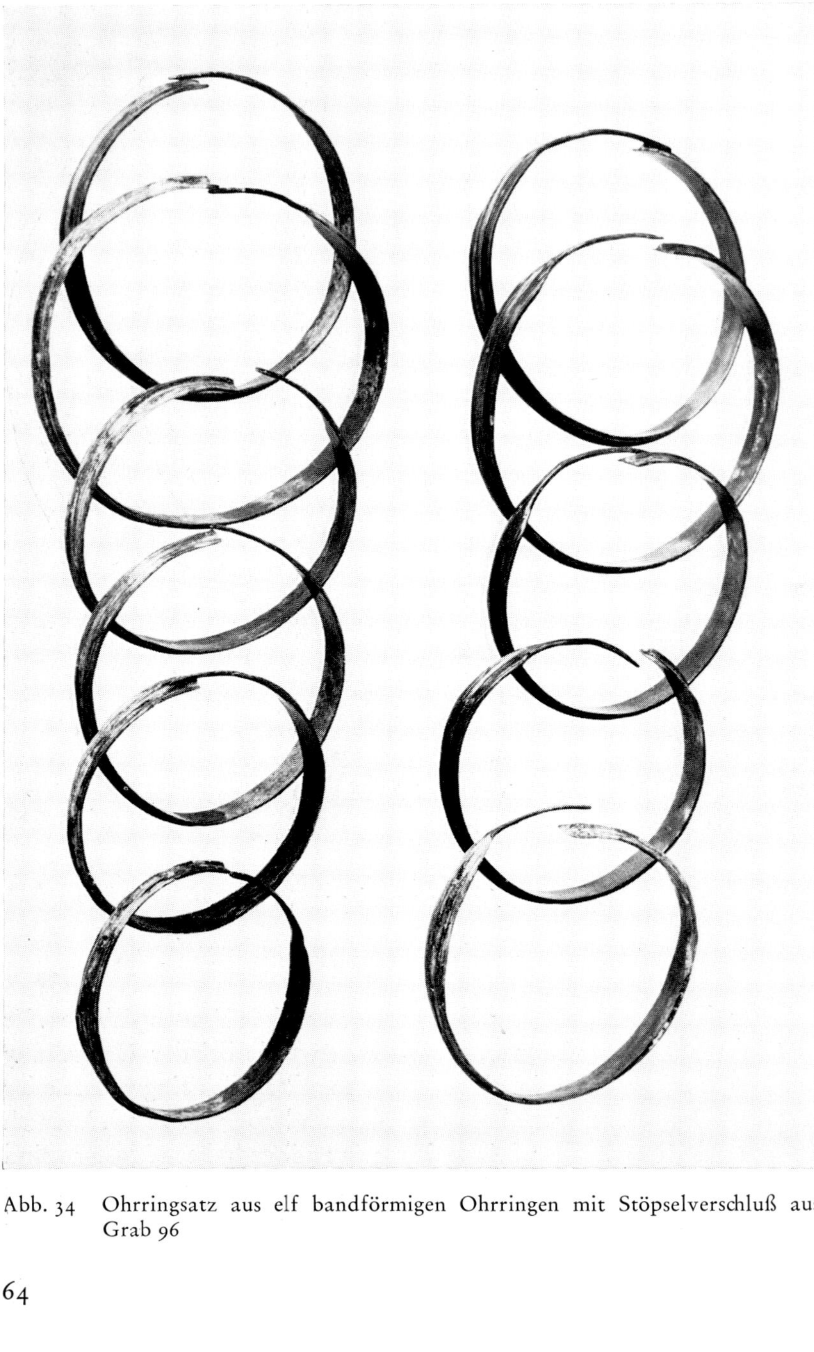

Abb. 34 Ohrringsatz aus elf bandförmigen Ohrringen mit Stöpselverschluß aus Grab 96

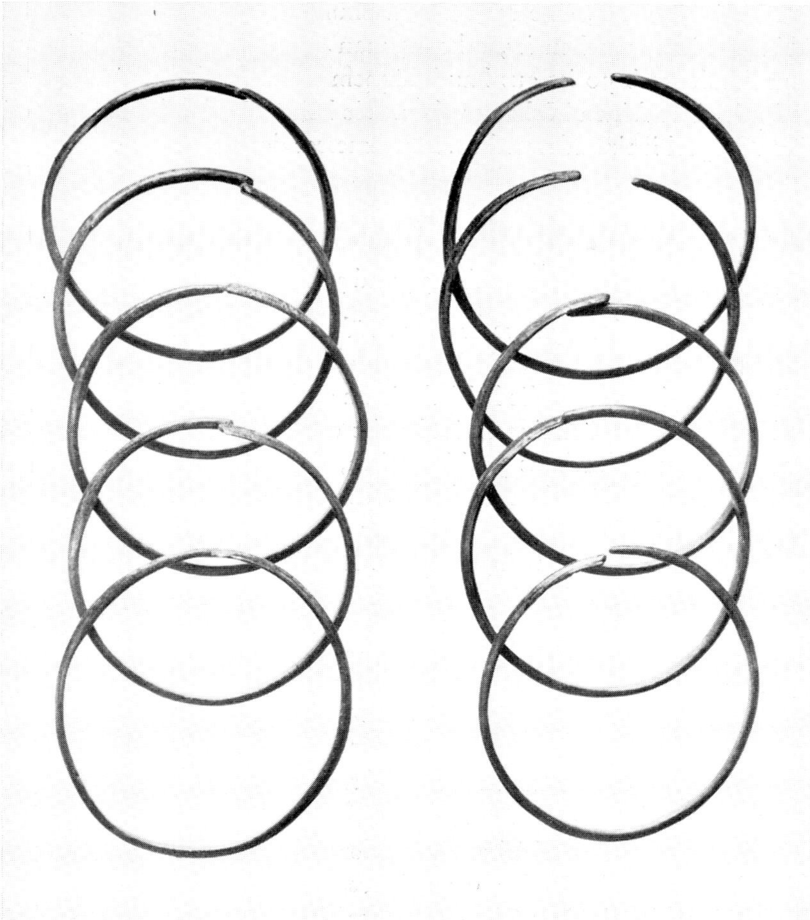

Abb. 35 Ohrringsatz aus 10 dünnen Hohlringen mit Stöpselverschluß aus Grab 101

fürsten. Der Halsring aus Grab 101 ist ein Meisterwerk des keltischen Bronzegießerhandwerks; er ist der einzige seiner Art vom Magdalenenberg. Sein Durchmesser beträgt 14,5 cm.

Eine besondere Fähigkeit erlangten die keltischen Bronzeschmiede auf dem Gebiet der Herstellung von Hohlschmuck. Bronze war kostbar und teuer; deshalb arbeitete man nach Möglichkeit materialsparend, dabei aber bestrebt, eine optimale Wirkung zu erzielen. Was auf der Abb. 33 nicht zu sehen ist, erkennt man am Original. Der Ring aus dem Kindergrab 90 ist aus hauchdünnem Blech getrieben, innen hohl und mit einer feinen Naht versehen. Die beiden Enden kann man wie einen Stöpsel ineinanderstecken. Durchmesser des Ringes 10 cm.

Abb. 34 und 35

Ohrringsätze aus den Gräbern 96 und 101

Besonders bevorzugt die keltische Frau auch Sätze aus bandförmigen und rundstabigen Ohrringen. Dabei ist die Bezeichnung Ohrring für diesen Schmuck durchaus problematisch, denn es ist fraglich, ob ein durchbohrtes Ohrläppchen fünf oder mehr solcher relativ großer Ringe tragen kann. Vielleicht dienten sie aber auch zur Zier der Schläfe oder waren mit in die Zöpfe eingeflochten. Alle Ringe haben ein spitziges und ein breites Ende; ihr Durchmesser beträgt zwischen 6 und 8 cm.

Abb. 36

Perlenketten aus den Gräbern 96, 99 und 122

Beliebt sind auch Perlenketten aus den verschiedensten Materialien. Die Abbildung zeigt Perlen aus mehreren Gräbern. Im Kindergrab 99 fanden sich neben je einer Glas- und einer Bronzeperle noch sieben tönnchenförmige Bernsteinperlen. Aus Grab 96 stammt ein Kettchen mit 16 kleinen Bronzeperlen. Besonders interessant ist der Perlenschmuck aus Grab 122; das Material ist Edelkoralle, die bereits in antiker Zeit aus dem Mittelmeerraum (eventuell aus dem Roten Meer) eingehandelt wurde. Der Fund gehört zu den seltenen Belegen von Korallen in der Zone nordwärts der Alpen. Die Ausgrabungen auf der Heuneburg an der oberen Donau haben gezeigt, daß wahrscheinlich überwiegend Rohkoralle importiert wurde, die man dann erst an Ort und Stelle zu einheimischem Schmuck verarbeitete.

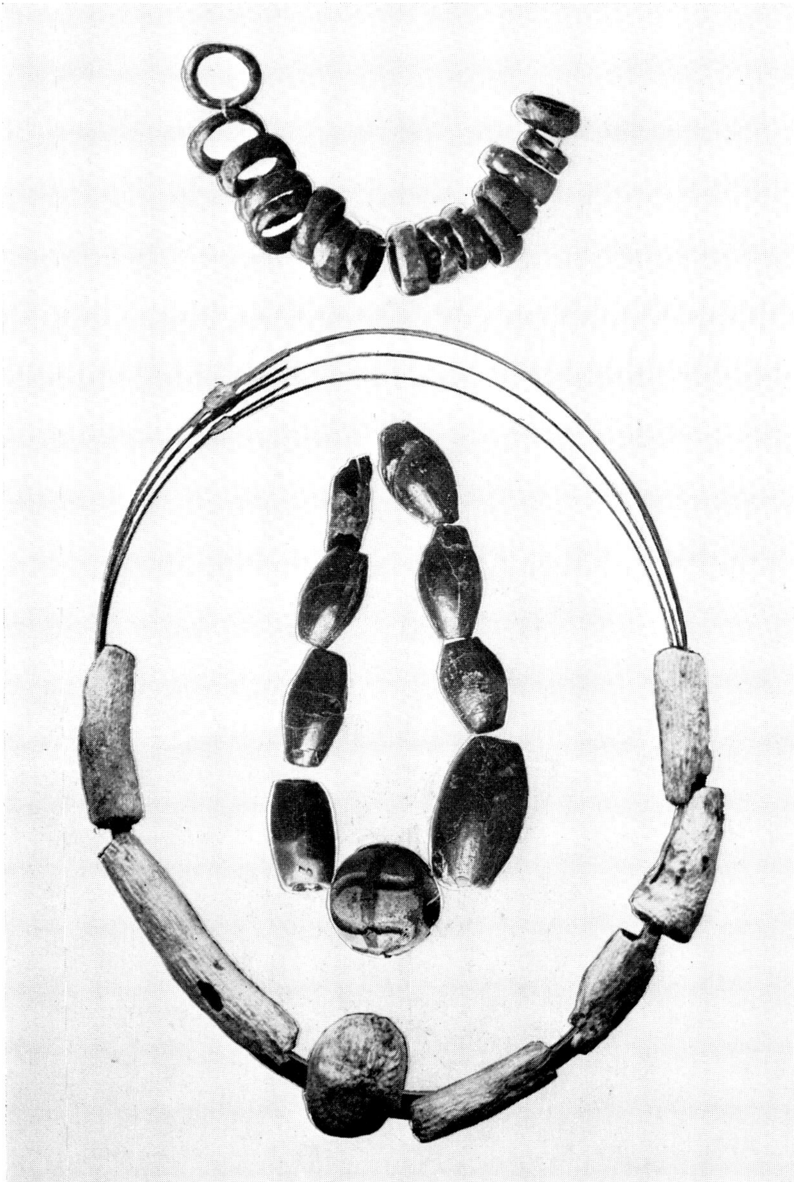

Abb. 36 Perlenketten aus den Gräbern 96, 99 und 122

Abb. 37/38 Goldspirale aus Grab 42 und Amulette aus den Gräbern 30, 87, 120

Abb. 37

Kleine Goldspirale aus Grab 42

Bei den Ausgrabungen am Magdalenenberg kam nur ein einziger Goldfund zutage. Immerhin ist diese Tatsache aber doch bemerkenswert, denn Schmuck oder sonstige Gegenstände aus Gold bleiben meistens den Fürsten vorbehalten. Die kleine Goldspirale aus dem Grab 42 ist nur einen halben Zentimeter hoch. Mit ihr fanden sich zwei große Bronzefibeln und ein schöner Hohlhalsring. Im Grab war ein Kind, wohl ein Knabe beerdigt. Die liebevolle Ausstattung zeigt, wie schmerzlich der Verlust ihres Kindes für die Eltern gewesen sein muß.

Abb. 38

Amulette aus den Gräbern 30, 87 und 120

In den vorgeschichtlichen Gemeinschaften spielten Zauberei und Magie zweifelsohne eine nicht zu unterschätzende Rolle. Es verwundert deshalb nicht, wenn in den Gräbern immer wieder Gegenstände gefunden werden, die sich einer sinnvollen Deutung entziehen. Man nennt sie Amulette; eine Auswahl zeigt die Abbildung. Oben links wird eine Pfeilspitze gezeigt, welche kunstvoll aus Feuerstein hergestellt wurde. Dieses Stück war schon für die Kelten eine Antiquität, denn sie stammt aus der jüngeren Steinzeit, hatte also bereits ein Alter von weit über 1000 Jahren, als sie im eisenzeitlichen Grab deponiert wurde. Sicher wurde sie irgendwann einmal zufällig gefunden und wegen ihrer bizarren Form als Amulett verwahrt. Zum gleichen Grab 30 gehören noch Hohlarmringe, eine Haarnadel, kleine Bronzeperlen, eine Gagatkugel und das Fragment eines Eberzahnes.

Grab 87 enthielt neben der Ausstattung einer jungen Frau noch ein Sammelsurium verschiedenster Bronzegegenstände, die alle auf einen Ring aufgezogen waren. Auch von dieser Kollektion versprach man sich wohl eine unheilabwehrende Wirkung.

Die Frau aus Grab 120 besaß gar eine in der Mitte gelochte Versteinerung, und zwar einen Ammoniten. Deutlich ist die schneckenförmige Windung des Gehäuses dieses jahrmillionenalten Kopffüßlers zu erkennen. Auch das Fossil wurde als Amulett verwandt.

Derartige Amulette wurden ausschließlich in Frauengräbern gefunden.

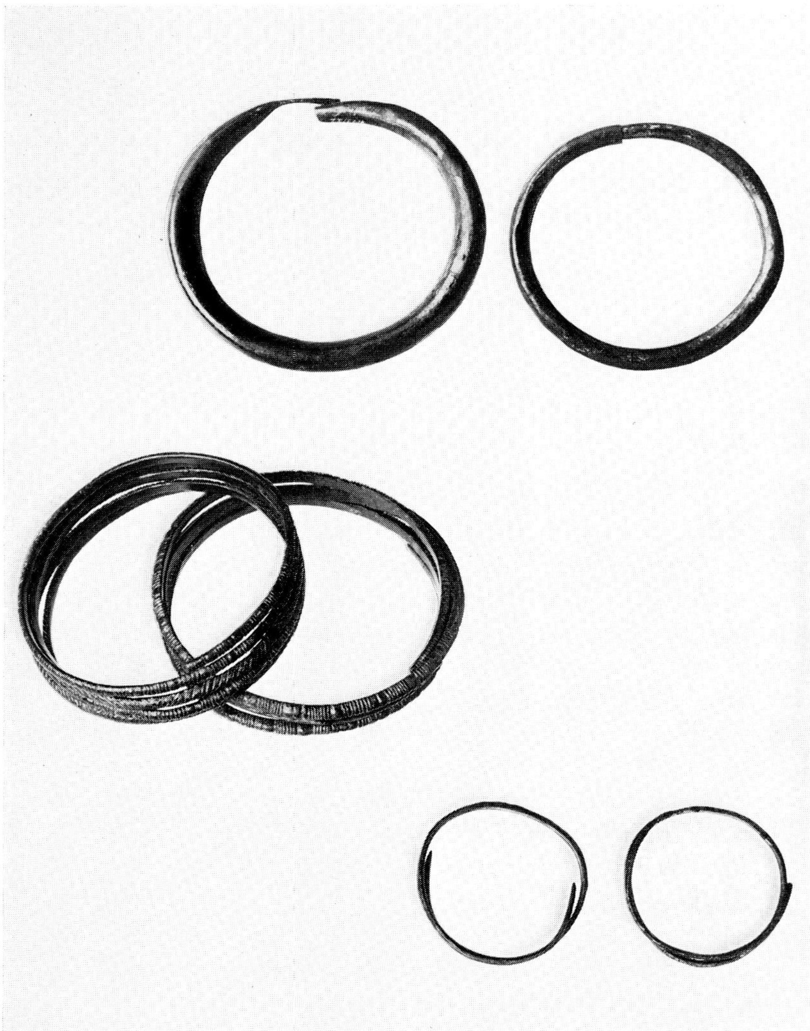

Abb. 39 Armringschmuck aus den Gräbern 91, 93 und 122

Abb. 40 Gürtelblech aus Grab 78

Abb. 39

Armringschmuck aus den Gräbern 91, 93 und 122

Ganz besonders liebten die keltischen Damen den Armschmuck; er fehlt in keinem Frauengrab. Aus Grab 91 (oben) stammen die beiden Hohlarmringe, die in der gleichen Technik gearbeitet wurden, wie der Halsring aus Grab 90 (vgl. Abb. 33).

Bemerkenswert sind die einzigartigen spiraligen Armbänder aus Grab 122 (Mitte), die zudem reich verziert sind. Sie wurden am Oberarm getragen. Über die Unterarme hatte die Frau Tonnenarmbänder der Art wie aus Grab 5 (Abb. 44) gestreift. Vergleichsstücke von anderen keltischen Nekropolen sind nicht bekannt.

Dagegen machen sich die schlichten Armringe aus dem Kindergrab 93 (unten) sehr dürftig aus.

Abb. 40

Gürtelblech aus Grab 78

In der Regel trägt die keltische Frau um den Leib einen Gürtel. Oft ist dieser über und über mit winzig kleinen Bronzezwecken beschlagen; in den Ledergurt aus Grab 78 waren etwa 6500 bis 7000 solcher Zwekken eingetrieben. Reste dieses Zwingenbesatzes sind auf der Abbildung

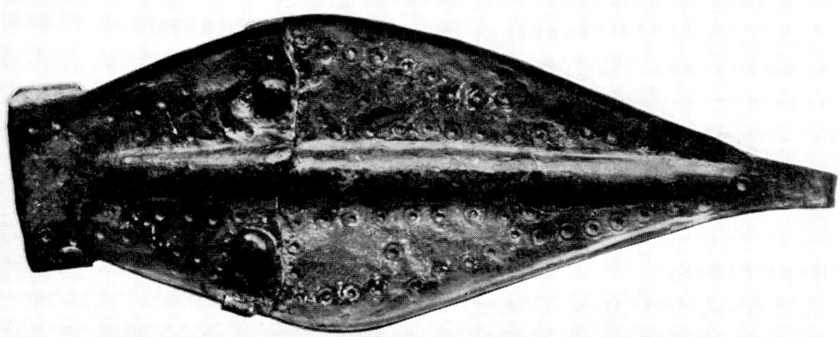

Abb. 41 Gürtelhaken aus Grab 96 und Gürtelblech aus Grab 86. Länge des Gürtelhakens aus Grab 96: 12,5 cm. Länge des Gürtelbleches aus Grab 86: 17,5 cm

über dem linken Ende des Gürtelbleches zu erkennen. Vorn wird der Leibriemen mit einem Gürtelblech oder einem Gürtelhaken verschlossen. Alle Gürtelverschlüsse laufen an einem Ende in den Haken aus, der in einen Ring des Gegenendes eingehängt werden kann. Das prachtvoll verzierte Gürtelblech auf der Abbildung hat eine Länge von 38 cm und eine Breite von 9 cm. Den Sonnenmotiven der Verzierung kommt sicher auch symbolische Bedeutung zu.

Abb. 41

Gürtelhaken aus Grab 96 und Gürtelblech aus Grab 86

Die auf der Abbildung gezeigten Gürtelverschlüsse sind beide aus etwa 1 mm starkem Bronzeblech gearbeitet und wurden durch nach hinten gebogene Laschen am Lederriemen befestigt. Das andere Ende läuft in einen Haken aus, mit dem dann der Gürtel geschlossen wird. Der kleinere Gürtelhaken stellt eine seltene Form dar, der man vor allem in der Südschweiz begegnet. Sicherlich wurde er nicht in der südwestdeutschen Heimat hergestellt, sondern auf dem Tauschwege aus dem genannten Gebiet bezogen. Das größere Gürtelblech stellt gute einheimische Arbeit dar; es handelt sich um eine in Baden-Württemberg ganz geläufige Form.

Beide Stücke sind verziert. Das untere zeigt mehrere Reihen eingepunzter Kreisaugen, das obere ist in Tremolierstich-Technik dekoriert. Für diese komplizierten Muster hat sich der Toreut – was auf der Abbildung nicht zu erkennen ist – zunächst eine feine Vorzeichnung eingerissen, bevor er das Muster mit dem Stichel aushob. Der Gürtelhaken wurde durch eine herausgetriebene Mittelrippe zusätzlich verstärkt. Beide Gürtelverschlüsse brachen bereits in antiker Zeit mitten durch und mußten wieder geflickt werden. Den Haken reparierte man mittels zweier Kugelkopfnieten, womit eine weitere Verzierungswirkung eintrat; das Blech stückte man mit einfachen flachgeschlagenen Nieten zusammen.

Abb. 42 und 43

Iberischer Gürtelhaken aus Grab 65 und seine Verbreitung

Einer der kulturhistorisch interessantesten Funde wurde aus dem Frauengrab 65 im Ostteil des Hügels geborgen. Diese Bestattung enthielt neben zwei schönen Armbändern aus Gagat (vgl. dazu Abb. 45 bis 47), einem schlichten Ohrring und dem obligatorischen Miniaturgefäß einen Gürtelhaken vom Typ Acebuchal.

El Acebuchal bei Carmona in Südspanien ist eine bedeutende Fundstelle eisenzeitlicher Gräber der Meseta-Kultur. Es handelt sich um den

Abb. 42 Iberischer Gürtelhaken aus Grab 65

namengebenden Fundplatz für eine bestimmte Form iberischer Gürtelhaken. Diese weisen eine kräftig geschweifte Form auf, besitzen eine breite Nietplatte, haben meist aufgesetzte Kügelchen und sind – als besonderes Charakteristikum – immer durch aufgesetzte Ziermuster wie im Relief gearbeitet. In der Regel werden die Vertiefungen mit farbiger Glaspaste ausgelegt, doch ist diese bei dem Villinger Stück nicht mehr erhalten.

Wie die Abbildung 43 zeigt, wurden solche Gürtelhaken bislang nur auf der Iberischen Halbinsel gefunden. Lediglich ein Exemplar (Nr. 10) hat es als Weihegabe in das Apolloheiligtum auf Kerkyra verschlagen.

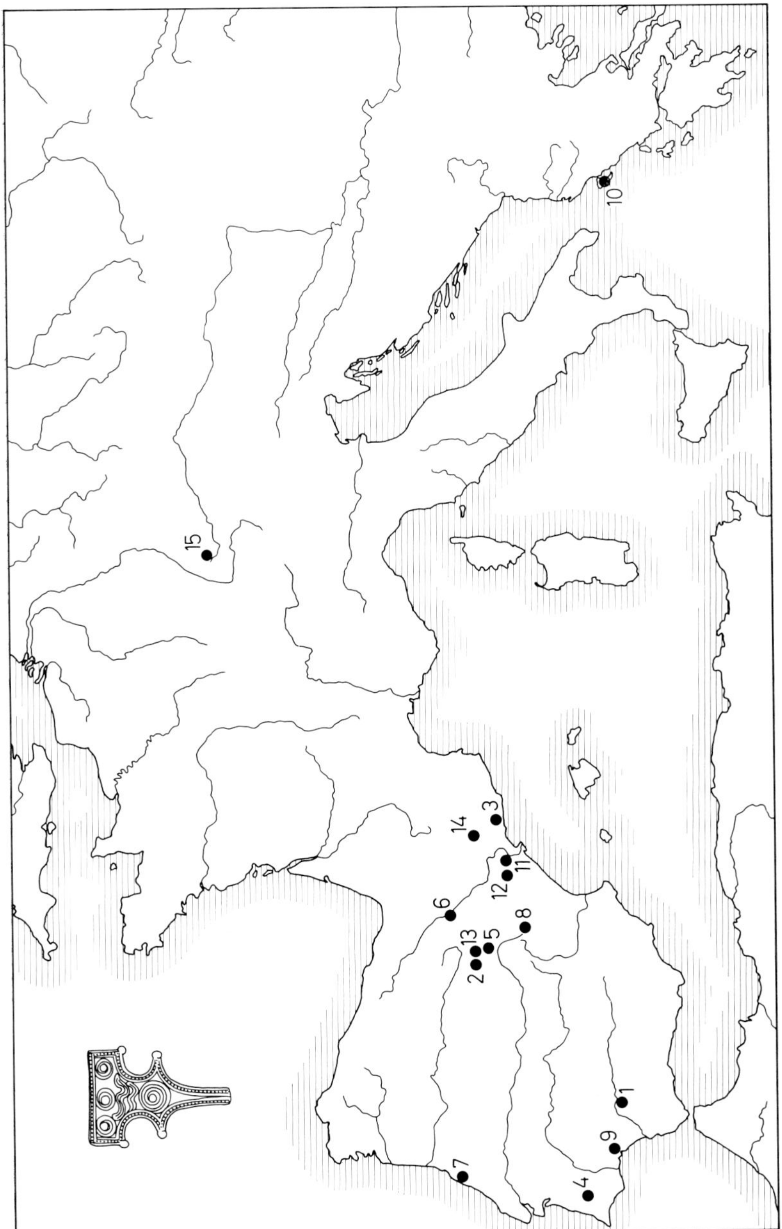

Abb. 43 Verbreitung der iberischen Gürtelhaken vom Typ Acebuchal

Der Fund eines Gürtelhakens vom Typ El Acebuchal auf dem Magdalenenberg (Nr. 15) ist der erste Beleg für einen Verbindungsweg, der im 6. vorchristlichen Jahrhundert zwischen der Iberischen Halbinsel und der Zone nordwärts der Alpen bestanden hat.

Länge 8,8 cm.

Abb. 44

Tonnenarmband aus Bronze in Grab 5

Als Armschmuck beliebt waren auch hohe Tonnenarmbänder aus Bronze; diese werden aus dünnem Blech getrieben und sind immer über und über verziert. Für das Anbringen des Dekors wird sowohl die Punz- als auch die Gravurtechnik angewandt. Das Tonnenarmband auf der Abbildung ist gravurverziert; man erkennt Linienbündel, strichgefüllte Dreiecke und in der Mitte ein wechselnd gestaltetes Metopenband. Gelegentlich weisen die Armbänder eine vernietete Leiste auf, woraus ersichtlich ist, daß die Schmuckstücke fest um den Unterarm

Abb. 44 Tonnenarmband aus Bronze in Grab 5

verschlossen wurden, um nie wieder abgelegt zu werden. Die lichte Weite ist nämlich viel zu gering, als daß man hätte mit der Hand hindurchschlüpfen können. Aufgrund geringer Reste nimmt man an, daß die Tonnenarmbänder innen mit Leder gefüttert waren.

Wegen der Feinheit des Bronzebleches sind die Tonnenarmbänder bei ihrer Auffindung meist arg zerstört, und nur in seltenen Fällen gelingt ihre Restaurierung. Deshalb können im Museum nur wenige Beispiele gezeigt werden. Insgesamt wurden am Magdalenenberg 26 Tonnenarmbänder aus Bronzeblech gefunden. Dies ist die größte Anzahl, die bislang auf einem einzigen Fundplatz geborgen wurde. Dies darf als überzeugender Beleg für den besonderen Reichtum und Wohlstand des keltischen Stammes von Kapf und Magdalenenberg gewertet werden. Höhe 21 cm.

Abb. 45–47

Armbänder aus Gagat und ihre Restaurierung

Eine weitere Besonderheit, wodurch sich der Magdalenenberg von der Masse der hallstattzeitlichen Fundstellen abhebt, ist das reiche Vorkommen von Gagatschmuck, welcher in neun Frauengräbern zutage kam.

Beim Gagat handelt es sich um eine bituminöse Pechkohle, die sich hervorragend bearbeiten und vor allem glänzend polieren läßt.

Für die Restaurierung der Gagatfunde vom Magdalenenberg mußte ein eigenes Verfahren entwickelt werden, da auf diesem Gebiet bislang keine einschlägigen Erfahrungen vorlagen. Sobald der Gagat aus dem Boden kommt, verliert er die glänzende Oberfläche und zerreißt in winzige Bruchstücke. Die Abbildung 45 zeigt ein solches Armband, das mittendurch gesprungen ist und sich in kleinste Bruchstücke aufzulösen beginnt. Unter allmählichem Zusammenpressen (Abb. 46) und laufendem Tränken mit einem Spezialkunststoff konnten die Fundstücke wieder in ihre alte Form gebracht und geglättet werden (Abb. 47).

Man trägt die Armbänder aus Gagat paarweise; wegen ihrer Kostbarkeit hat man sie bereits in antiker Zeit immer wieder geflickt, um sich weiterhin damit schmücken zu können.

Abb. 45 Armband aus Gagat nach der Fundbergung

Abb. 46 Armband aus Gagat während der Restaurierung

Das linke Armband auf der Abbildung 47 stammt aus Grab 120 und ist 9 cm hoch; das rechte wurde in Grab 96 gefunden und hat eine Höhe von 5 cm.

Abb. 48

Fußringpaar aus Grab 48 und eiserne Kropfnadel aus Grab 100

Den Frauenschmuck komplettieren schließlich die Fußringe; vorwiegend werden sie von jüngeren Frauen, Mädchen und Kindern getragen. Sie sind immer geschlossen und weisen mitunter noch Reste des Guß-

Abb. 47 Armbänder aus Gagat nach der Restaurierung

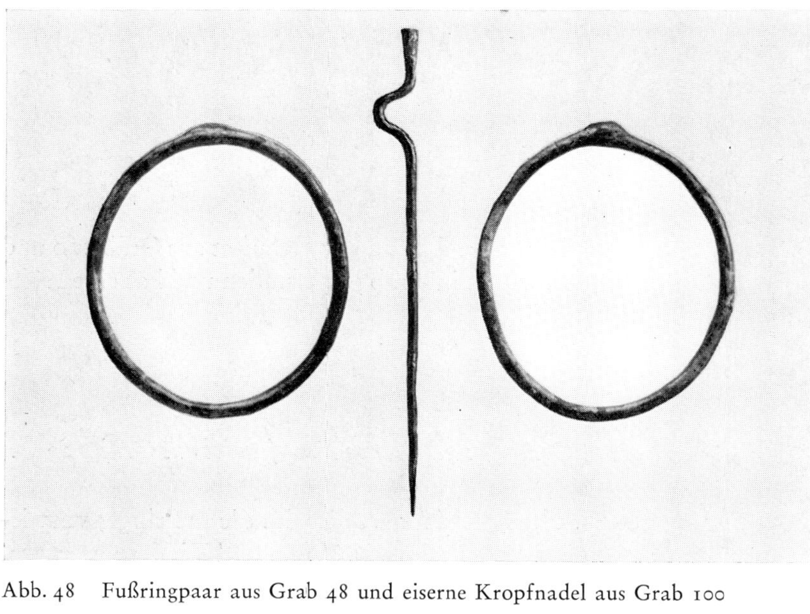

Abb. 48 Fußringpaar aus Grab 48 und eiserne Kropfnadel aus Grab 100

zapfens auf; diese sind auf der Abbildung als leichte Verdickungen zu erkennen. Der Durchmesser der Ringe beträgt 6 cm auf 5 cm. Sie stammen aus Grab 48, in dem ein erwachsener Krieger mit einem Säugling im Arm bestattet worden war. Das Kind trug die Ringe um die Fußgelenke.

Das Doppelgrab 100 enthielt als einzige Bestattung des Gräberfeldes zwei erwachsene Tote verschiedenen Geschlechts; offenbar handelte es sich um ein Ehepaar, welches im gemeinsamen Grab die letzte Ruhe fand. Auch in diesem Fall erhebt sich wieder die Frage, ob etwa eine Witwenfolge Ursache des Doppelbegräbnisses ist. Beide Tote waren relativ schlicht ausgestattet. Die Frau trug Haarnadeln, Ohrringe, einfache Armreifen, ein Gürtelblech und – als Besonderheit – einen Ring um die linke große Zehe.

Außer einer eisernen Kropfnadel von 10 cm Länge fanden sich bei dem Mann keine weiteren Beigaben.

Abb. 49

Bronzefibeln aus Männerngräbern

Gegen die reiche Ausstattung der keltischen Frau hebt sich die Männertracht in ihrer Schlichtheit merklich ab. Als einziges Schmuckstück trägt der Mann meist nur eine Nadel (vgl. Abb. 48) oder ein bis zwei Fibeln zum Zusammenhalten seiner Kleidung. Meist werden diese in der Gegend der Schulter angebracht. Die Fibeln funktionieren im Prinzip wie unsere Sicherheitsnadeln; sie bestehen aus Nadel, Spirale, Bügel, Nadelrast und – nicht immer – dem Fußknopf.

Die beiden Fibeln links oben (Länge 11 und 12 cm) stammen aus dem birituellen Doppelgrab 106; die kleinere von den beiden hat einen schön gekerbten Bügel – die andere ist unverziert.

Bei den beiden Fibeln links unten aus Grab 93 (Länge je 11 cm) handelt es sich um sogenannte Kahnfibeln, da sie einen hohl gearbeiteten Bügel aufweisen.

Von den beiden Fibeln rechts fällt besonders die aus Grab 58 (Länge 11,5 cm) mit ihrer verzierten Nadelrast auf. Ein Dekor auf dem Nadelhalter ist ganz außergewöhnlich und erinnert an etruskische Fibeln

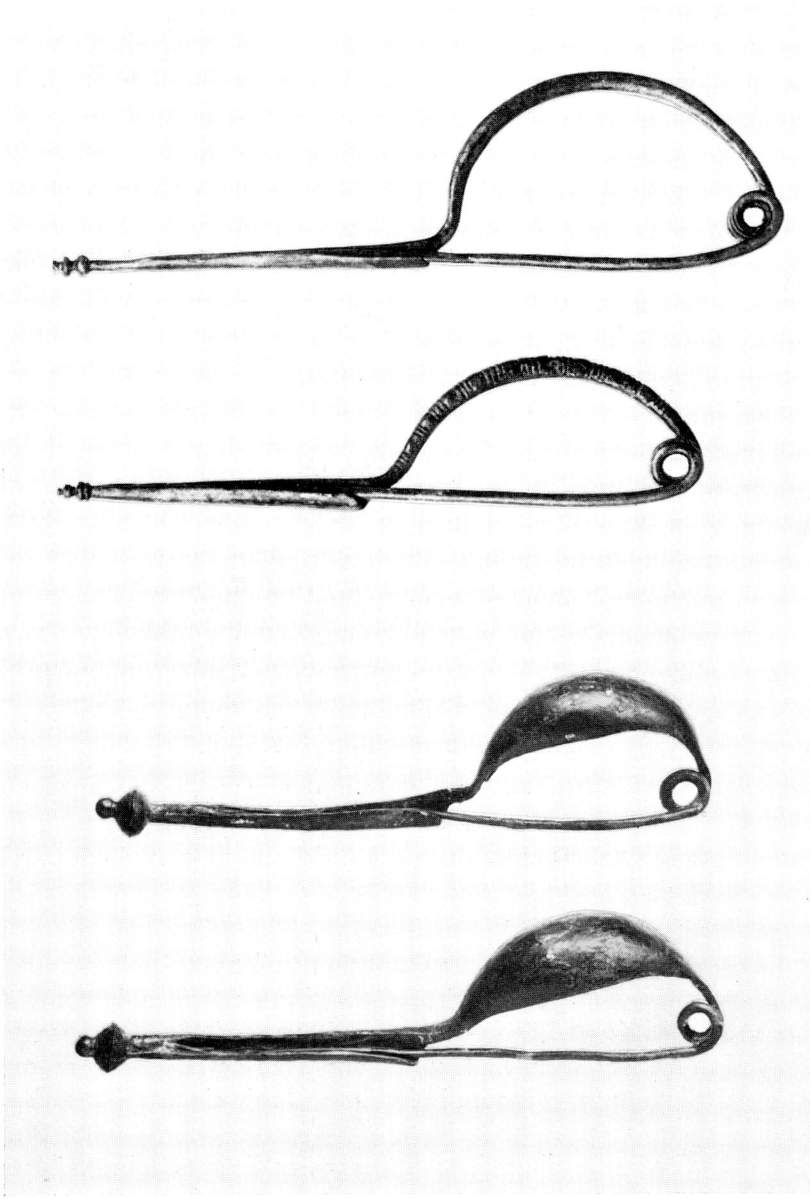

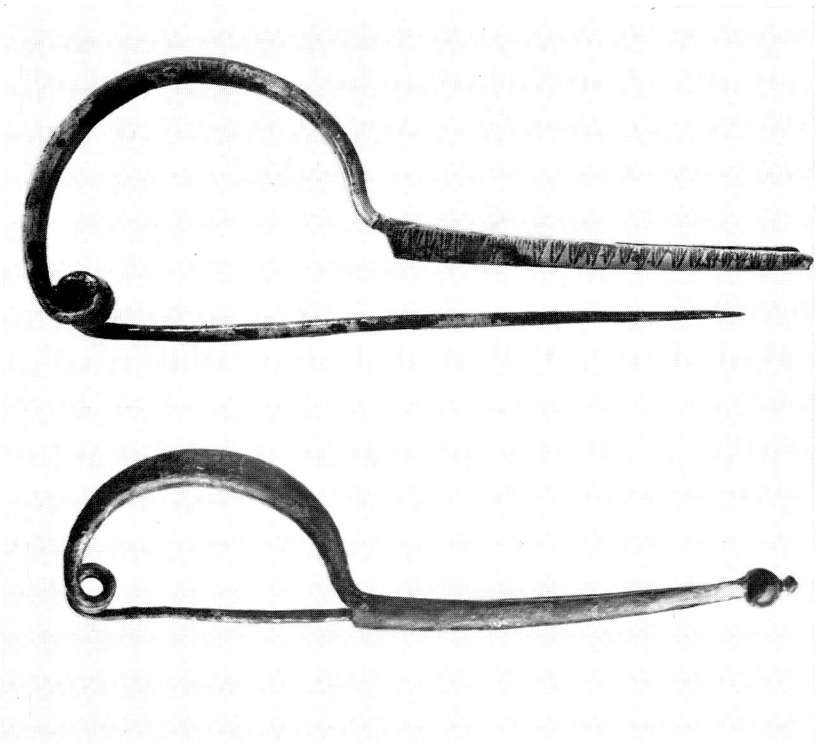

Abb. 49 Bronzefibeln aus Männergräbern

in Nord- und Mittelitalien, bei denen an dieser Stelle Besitzerinschriften angebracht sind.

Die andere Fibel zeichnet sich durch ihre überlange Nadelrast aus (Grab 123; Länge 13,5 cm).

Abb. 50

Dragofibel aus Grab 81

Eine einzigartige Fibel kam in Grab 81 zutage. Diese Bestattung enthielt das Skelett eines erwachsenen Kriegers, der mit einer Lanze und einem Rasiermesser – beides aus Eisen – ausgestattet war. Die Bronze-

fibel fand sich nicht in Trachtlage, sondern zu Füßen des Toten. Vergleichsstücke zu der wegen ihrer Hörnchen sogenannten Dragofibel (= Drachenfibel) sind bislang nur aus Slowenien bekannt; das Stück vom Magdalenenberg muß also in alter Zeit aus dem Balkanraum die Donau entlang bis in das Schwarzwaldgebiet gelangt sein. Die Fibel hat die ungewöhnliche Länge von 15,5 cm.

Abb. 50
Dragofibel aus Grab 81

Abb. 51 Eisernes Gürtelblech aus Grab 110

Abb. 51

Eisernes Gürtelblech aus Grab 110

Es ist schon wiederholt zur Sprache gekommen, daß die Frauen den Schmuck aus Bronze bevorzugen, während die Männer vornehmlich Ausstattungsgegenstände aus Eisen tragen. Ein Beispiel dafür ist das Gürtelblech aus dem Männergrab 110. Es wurde aus Eisen geschmiedet und mit bronzenen Kugelkopfnieten am Lederriemen befestigt. Seine Länge beträgt 17,5 cm. Mit im Grab lagen eine große eiserne Bogenfibel, das Töpfchen und als Besonderheit ein Armring um das rechte Handgelenk.

Abb. 52

Toilettengerät aus den Gräbern 105 und 119

Hin und wieder findet man in Männergräbern, und zwar ausschließlich in diesen, Toilettenbesteck. Wir hatten oben gehört, daß auch der Fürst aus dem Zentralgrab des Magdalenenberges zwei vollständige Garnituren bei sich trug (vgl. Text zu Abb. 7).

Als einzige Beigabe aus Grab 105 wurde ein eiserner Nagelschneider mit beinernem Griff gefunden; mit der gegabelten Spitze des Gerätes konnten die Fingernägel – wie moderne Versuche gezeigt haben – tadellos gekürzt werden. Länge 10,5 cm.

Abb. 52 Toilettengerät aus den Gräbern 105 und 119

Aus Grab 119 stammt das schön geschwungene eiserne Rasiermesser. Die geschärfte Schneide befindet sich auf der konvexen Seite des Gerätes. Sicher hat man mit dieser Klinge den Bart nicht geschabt, so wie wir es heute tun. Vielmehr faßte man mit der freien Hand ein kleines Haarbüschel, um es dann mit dem Rasiermesser abzuschneiden. Länge 10,5 cm.

Abb. 53

Geröllschlegel aus Grab 83

So unscheinbar sie auch aussehen mögen, so bedeutend sind doch die Funde von Geröllschlegeln aus mehreren Männergräbern. Mit diesen

Steinhämmern hat man in vorgeschichtlicher Zeit vornehmlich Erzbrocken für das naßmechanische Aufbereiten des erzhaltigen Gesteines zerkleinert. Sie stellen also einen guten Beleg dafür dar, daß der keltische Stamm vom Magdalenenberg ein intensives Hüttenwesen betrieb, wobei in erster Linie an die Eisenerzvorkommen im Bregtal zu denken ist. Diese hat man ja noch in der Neuzeit ausgebeutet. Der abgebildete Geröllschlegel wurde zusammen mit einer eisernen Kropfnadel wie Abb. 48 gefunden. Es handelt sich um ein handliches Flußgeröll, das auf der linken unteren Seite deutliche Abnutzungsspuren vom Hämmern zeigt. Länge 8,5 cm.

Abb. 54

Pfeilspitzen und Beschlag vom Köcher aus Grab 90

Im Waffengrab 90 wurde neben dem Dolch (vgl. Abb. 55 und 56) ein Bündel Pfeile sowie der bronzene Beschlag vom Köcher gefunden. Der Bogen, die Pfeilschäfte und der Köcher sind natürlich längst vergangen; erhalten blieben nur die eisernen Tüllenpfeilspitzen (Länge 4,5 cm) und das Blech, mit dem der Trageriemen am Köcher befestigt

Abb. 53 Geröllschlegel aus Grab 83

Abb. 54 Pfeilspitzen und Beschlag vom Köcher aus Grab 90

war. Beim Einsatz von Pfeil und Bogen ist eher an die Jagd, als an kriegerische Auseinandersetzungen zu denken. Für die Deckung des Nahrungsmittelbedarfes an Fleisch waren die Kelten neben der Viehzucht auch auf die Jagd angewiesen. Nachgestellt wurde den Auerochsen, dem Wisent, dem Braunbär, dem Rothirsch, dem Wildschwein und allen Arten des Niederwildes.

Abb. 55 und 56

Der eiserne Dolch aus Grab 90

Zusammen mit einer Bogenfibel, einem Bündel Pfeile (vgl. Abb. 54) und einem kleinen Tongefäß wurde ein kostbarer eiserner Dolch in Grab 90 gefunden. Die Waffe hat eine Gesamtlänge von 39 cm. Die

Abb. 55 Eiserner Dolch aus Grab 90

Klinge steckt in einer Scheide aus dünnem Eisenblech, welches auf der Schauseite mit fein eingepunzten Mustern verziert ist (siehe Detailaufnahme Abb. 56 oben rechts). Nach unten endigt die Scheide in ein dosenförmiges Ortband, das auf beiden Seiten und am Rand mit Kupfereinlagen versehen wurde. Auch Heft und Knauf des Dolches sind mit solchen Tauschierungen geschmückt. Gerade diese Waffe zeigt in anschaulicher Weise den hohen Stand der keltischen Metallurgie.

Abb. 56 Verzierung des Dolches aus Grab 90

Abb. 57 Der Dolch in Fundlage

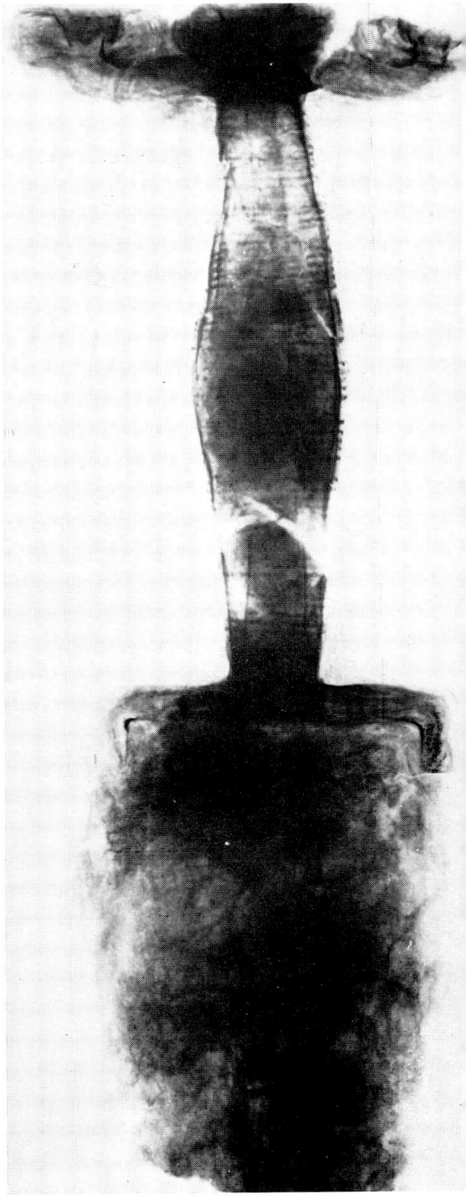

Abb. 58 Röntgen-Aufnahme des Dolches

Abb. 57–60

Der eiserne Dolch aus Grab 67

Ein besonderes Problem bildeten die Eisenfunde vom Magdalenenberg, da dieses Metall in hohem Maße korrosionsanfällig ist. Auf Abb. 57 ist der traurige Zustand eines Eisendolches zu erkennen, so wie das Stück unmittelbar nach der Aufdeckung zutage trat. Abb. 58 zeigt dann die Röntgenaufnahme des Fundes, die viele Einzelheiten erkennen läßt, vor allem auch die feinen Tauschierungsfäden in der Griffstange. Abb. 59 gibt den Röntgenbefund in einer technischen Zeichnung wieder. Die Griffangel ist mit einer Blechhülse umgeben;

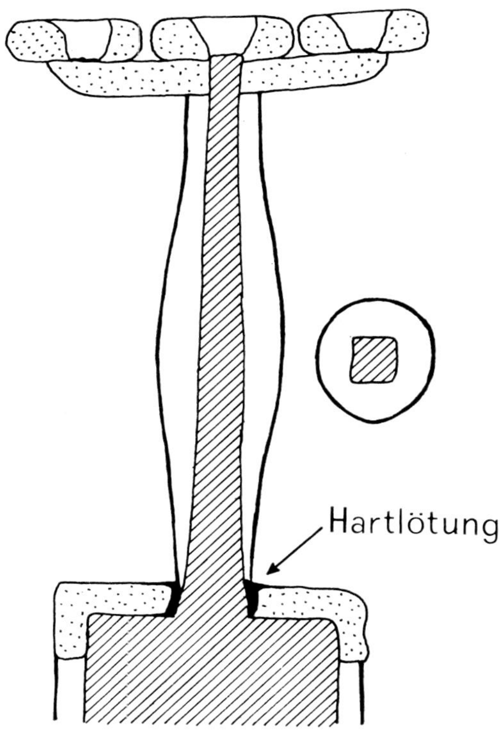

Abb. 59 Umzeichnung nach der Röntgen-Aufnahme Abb. 58

diese wurde durch Hartlötung mit dem Heft verbunden. Das obere Ende des Griffes ziert dann der Knauf mit den drei Näpfchen. Dem fertig restaurierten Stück auf Abb. 60 fehlt das Ortband; dieses wurde offenbar schon in antiker Zeit abgebrochen. Die Sitte, Waffen vor der Niederlegung im Grab zu beschädigen oder unbrauchbar zu machen, kann in verschiedenen vorgeschichtlichen Kulturen beobachtet werden. Länge noch 33,5 cm.

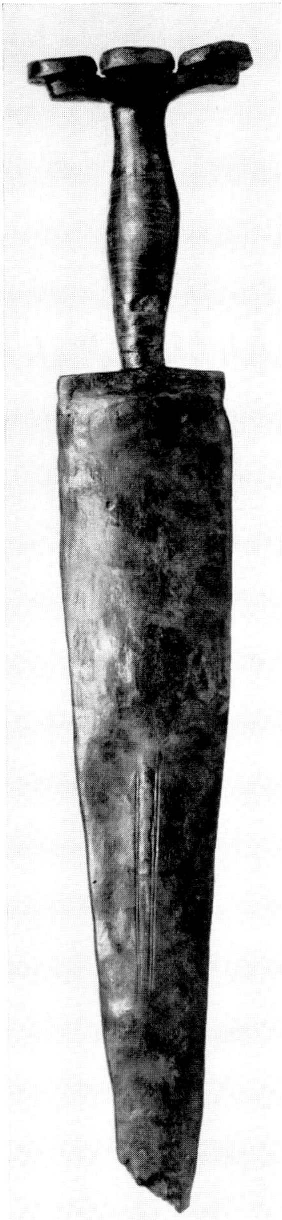

Abb. 60 Der restaurierte Dolch

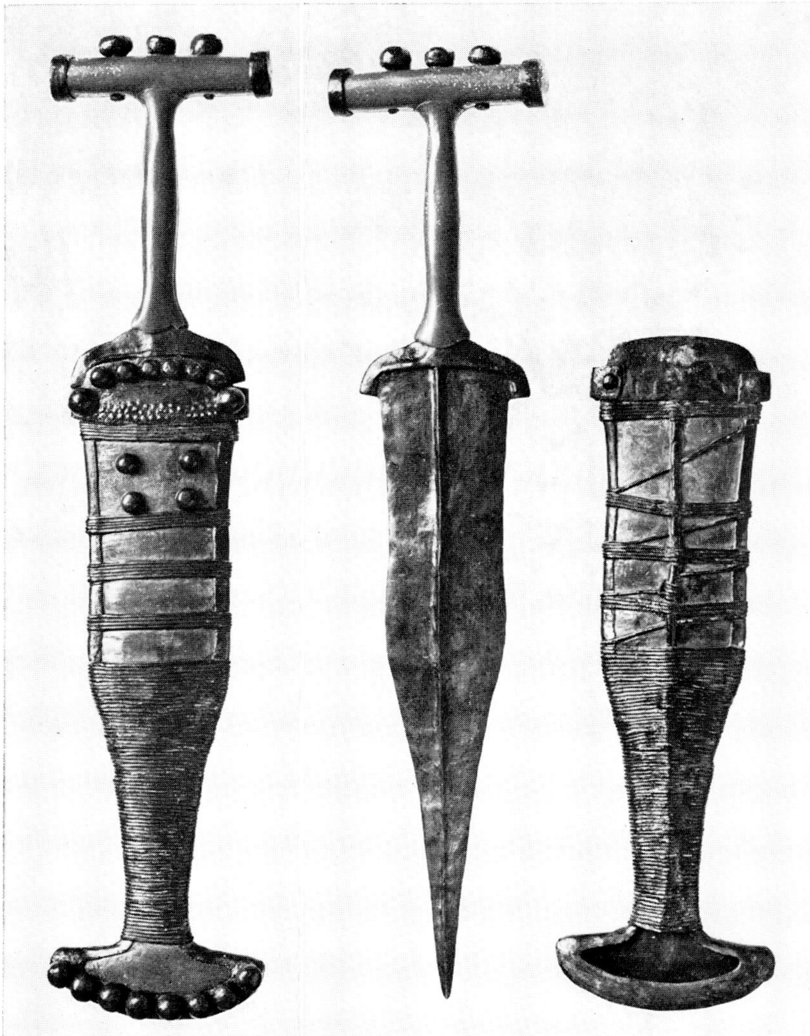

Abb. 61 Der Dolch aus Eisen und Bronze in Grab 118

Abb. 61

Der Dolch aus Eisen und Bronze in Grab 118

Eine besonders schöne Waffe konnte in Grab 118 geborgen werden. Der Dolch hat eine eiserne mit einem Mittelgrat verstärkte Klinge. Der Griff bestand ursprünglich aus Holz, das vergangen war und bei der Restaurierung durch Kunststoff ersetzt werden mußte. Vom Knauf hatten sich nur die drei Zierköpfe und die beiden seitlichen Eisenmanschetten erhalten. Recht kunstvoll ist auch die Scheide gestaltet. Die beiden Holzschalen wurden mit einem U-förmigen Eisenband zusammengehalten und dann mit Bronzedraht umwickelt. Die Vorderseite der Scheide und das halbmondförmige Ortband hat man mit bogenartig angeordneten Kugelkopfnieten verziert. Auf der Abbildung ist einmal der Dolch in der Scheide, die blankgezogene Waffe und die Scheide von der Rückseite gezeigt. Gesamtlänge 34 cm.

III.

DIE HOLZFUNDE AUS DEM MAGDALENENBERG BEI VILLINGEN UND IHRE ZEITLICHE EINORDNUNG

(Dendrochronologie)

von

Ernst Hollstein

Die Methode

Die dendrochronologische Methode beruht auf der Erkenntnis, daß in jedem Frühjahr nach dem Ende der Winterruhe bei jedem Baum das Wachstum einer neuen Holzschicht zwischen Stamm und Rinde beginnt. So wird der Baum immer stärker und kräftiger, bis er auf natürliche Weise oder durch die Axt des Holzfällers stirbt.

Unsere Abb. 1 zeigt den Querschnitt einer Eichenschwelle aus der Grabkammer vom Magdalenenberg. Auf dem Querschnitt bilden die Jahresschichten annähernd konzentrische Ringe. Ihre Zahl und ihre wechselnde Breite kündet vom vergangenen Lebensschicksal dieses Baumes. Sein Lebensalter, sein Fällungsdatum sowie seine guten und schlechten Wuchsjahre sind wie in einem Urkundenbuch festgehalten. Die Dendrochronologie lehrt, wie man solche Urkunden, eben die Jahresringe, liest und sie für die archäologische und historische Forschung nutzbar macht. Wir gewinnen durch sie eine moderne naturwissenschaftliche Methode zur genauen Altersbestimmung von Holzproben. Holzproben unbekannten Alters können durch diese Methode im Prinzip auf das Jahr genau datiert werden, wenn es gelingt, alle denkbaren Fehlerquellen auszuschließen.

Die dendrochronologische Methode wurde von dem amerikanischen Astronomen A. E. Douglass (1867–1962) entwickelt. Der deutsche Botaniker Bruno Huber übertrug das neue Verfahren auch auf die mitteleuropäischen Holzarten. Das methodische Prinzip dieses Verfahrens läßt sich in drei Leitsätzen formulieren:

1. Das Dickenwachstum der ringbildenden Bäume verläuft zeitlich nicht gleichmäßig, sondern in zeitlich einmaliger Folge von wechselnden Ringbreiten.

2. Werden die Bilder zweier Ringbreitenfolgen (Jahrringkurven) in richtiger Zeitlage zur Deckung gebracht, so zeigt sich eine statistisch nachweisbare Ähnlichkeit im Wuchsverlauf von Bäumen, die in der gleichen Zeit unter ähnlichen Bedingungen herangewachsen sind.

3. Richtig synchronisierte Jahrringfolgen können zu einer gemeinsamen Folge (Mittelkurve) vereinigt werden. Durch gegenseitige Überlappung entsteht eine weit in die Vergangenheit zurückreichende Standardchronologie.

Unsere Abb. 2 deutet an, wie die synchronen Zuwachszonen verschiedener Holzproben parallelisiert werden können. Ausgehend von einer Probe mit bekanntem Fällungsjahr 1962 n. Chr., einer Eiche aus dem Moselland, werden andere Proben mit unbekanntem Fällungsjahr aus historischen Bauten auf das Jahr genau datiert. Durch Überbrückung von Probe zu Probe gewinnt man eine lückenlos zusammenhängende Jahrring-Chronologie. Dargestellt sind drei Holzproben mit Jahrringbreiten in etwa natürlicher Größe: I ist eine Holzprobe mit dem Fällungsjahr 1962, II ist eine Holzprobe mit dem Fällungsjahr 1929 und III gibt eine Holzprobe mit dem Fällungsjahr 1879 wieder. Probe II überbrückt die Lücke zwischen den Proben I und III und ermöglicht dadurch die Datierung von III. In der Praxis benötigt man allerdings eine große Zahl von Proben und eine mindestens 50jährige Überbrückung.

Die mitteleuropäische Eichenchronologie

Bruno Huber und seinen Mitarbeitern gelang schon 1949 der Aufbau einer bis zum Jahre 1478 zurückreichenden Baumring-Chronolo-

Abb. 1 Magdalenenberg bei Villingen. Querschnitt eines Eichenbalkens von der westlichen Schwelle unter der Grabkammer. Die Jahrringe sind zur Verdeutlichung mit Kreidepulver eingerieben (Foto Hollstein).

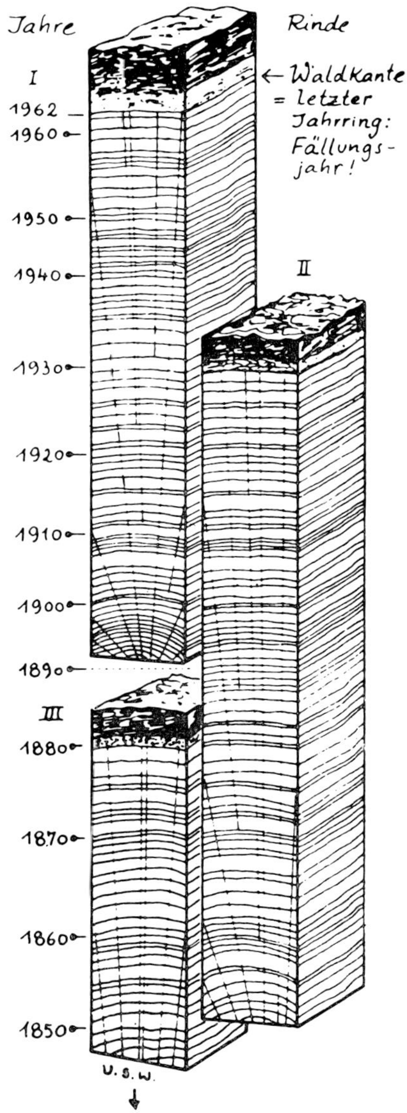

Abb. 2 Zur dendrochronologischen Methode: Das Überbrückungsprinzip (Zeichnung Hollstein).

gie aus Alt-Eichen des Spessarts. Die Holzart Eiche steht in Mitteleuropa im Vordergrund der dendrochronologischen Forschung, weil Eichenholz hier seit Urzeiten am häufigsten zum Werken und Bauen benutzt wurde. Die 1964 am Rheinischen Landesmuseum in Trier erarbeitete Westdeutsche Eichenchronologie umfaßt demgegenüber lückenlos alle Bau-Epochen von der Karolingerzeit bis zur Gegenwart und von der frühesten Latènezeit bis zur späten Römerzeit. Dank der tätigen Mithilfe zahlreicher Institutionen kamen in den folgenden Jahren auch viele Holzfunde des frühen Mittelalters bzw. der nachrömischen Epoche zur Untersuchung, so daß sich die Lücke zwischen Antike und Merowingerzeit nunmehr allmählich aufzufüllen beginnt.

Die Baumringdaten der römischen und vorrömischen Zeit konnten nach dem Fällungsjahr von Bauhölzern der spätantiken Rheinbrücke zu Köln berechnet werden. In einer Lobrede auf Kaiser Konstantin wird uns berichtet, daß die schwierigen Gründungsarbeiten an dieser Brücke im Jahre 310 n. Chr. im Gange waren. Von dieser Brücke konnten in den letzten Jahren mehrere Fundamentpfähle aus dem Rhein geborgen und dendrochronologisch untersucht werden. Ihre Jahrringkurven ließen sich, von dem überlieferten Baujahr 310 zurückgerechnet, wiederum mit zahlreichen anderen römischen Holzfunden vergleichen und bis in die frührömische Zeit verlängern, so daß schließlich eine Verzahnung und Überlappung mit Hölzern der vorrömischen Epoche gelang.

Diese Westdeutsche Eichenchronologie, errechnet aus bisher 1700 Hölzern mit 150 000 Jahrringen, ist anwendbar im Einzugsbereich des Rheines zwischen St. Gallen und Xanten samt den zugehörigen Nachbarlandschaften. Sie bietet daher eine solide Grundlage für weiterführende Forschungen. Der erste Vorstoß in die Latène- und die Hallstattzeit gelang in den letzten Jahren durch Sychronisierung von Holzfunden des 5. vorchristlichen Jahrhunderts aus Befort (Luxemburg), vom Christenberg in der Nähe Marburgs und von Kirnsulzbach an der Nahe. Damit wurde aber auch der Weg zur jahrgenauen Datierung des Fürstengrabes vom Villinger Magdalenenberg frei. Das unmittelbare Zusammenwirken von Archäologen und Dendrochronologen an der Fundstelle selbst trug reiche Früchte.

Abb. 3 Magdalenenberg bei Villingen. Die große Grabkammer mit dem 1890 ausgesägten Loch (Foto Grabungsleitung).

Die Holzfunde vom Magdalenenberg

Die Erhaltungsbedingungen der im Magdalenenberg verbauten Hölzer waren ungewöhnlich gut. Die Eichenbalken der großen Grabkammer, Dutzende von Tannenpfosten in der Hügelschüttung und zahlreiche Tannenbretter von den Särgen der Nachbestattungen waren infolge einer merkwürdigen Grundwasserstauung vorzüglich konserviert. Vielfach wirkten diese Hölzer wie frisches Holz ohne Trockenrisse und mit noch anhaftender Rinde. Die Holzfunde aus dem Magdalenenberg bieten daher ein unschätzbares Forschungsmaterial zur Chronologie und Klimatologie der älteren Eisenzeit (Hallstattzeit) in Mitteleuropa.

Die Hölzer vom Magdalenenberg geben willkommenen Anlaß zu einigen grundsätzlichen Bemerkungen über die Bergung und Untersuchung derartiger Holzproben. Wesentlich ist vor allem, daß Bauteile

Abb. 4 Magdalenenberg bei Villingen. »Bahre« und »Prozessionsweg« mit den Balken 1, 5, 6, 8 südlich der Grabkammer (Foto Grabungsleitung).

wie z. B. die große Grabkammer (Abb. 3), die Totenbahre (Abb. 4), aber auch kleinere Bauteile in ihrer Substanz so weit als möglich geschont werden. Das schon 1890 aus anderen Gründen (siehe Beitrag Spindler S. 38) ausgesägte Loch im Kammerboden (Abb. 3) war natürlich in heutiger Sicht ein Mißgriff. Proben sollte man grundsätzlich nur an wenig sichtbaren Stellen entnehmen. Als Proben besonders geeignet sind Balken- und Bretterquerschnitte mit möglichst vielen Jahresringen, ferner Teilausschnitte von Balkenkanten, die noch den jüngsten Jahresring unter der Rinde, die sogenannte »Waldkante« enthalten. Die gewonnenen Balkenquerschnitte werden dann auf ihrer ganzen Fläche geglättet: das harte Kernholz mit einem feingeschliffenen Schnitzmesser oder einem Stecheisen, das weiche Splintholz, aber auch vorhandene Fäulniszonen an den Balkenrändern mit einem Rasiermesser. So wird der gesamte Jahrringaufbau des Stammes freigelegt. Die günstigsten Radien zur mikroskopischen Ausmessung der Ring-

Abb. 5 Magdalenenberg bei Villingen. Balken 5 des »Prozessionsweges« (vgl. Abbildung 4). Kopffläche 26/34 cm mit originalen Beilhieben (Foto Hollstein).

breiten werden sichtbar. Da Eichenkernholz aus nassen Fundstellen meist tiefschwarz verfärbt ist (sogenannte Mooreichenschwärzung durch Einwirkung der Gerbsäure mit Eisenbestandteilen des Wassers), werden die Jahrringe durch eingeriebene Kreide künstlich sichtbar gemacht (Abb. 1).

Zugleich ergeben sich wichtige Aussagen aus der makroskopischen Beobachtung. Unsere Abb. 5 zeigt einen Eichenbalken mit trapezförmigem Querschnitt. Es handelt sich um ein sogenanntes Vollholz im Gegensatz zu einem Halb- oder gar Viertelholz. Die Balkenkanten sind erstaunlich gleichmäßig behauen, was eine hochentwickelte Beiltechnik voraussetzt. Die Trockenrisse an den Rändern sind erst 1973 während der Untersuchung entstanden. Der Eichenbalken ist daher mit Sicherheit unmittelbar nach der Fällung des Baumes formgerecht zugebeilt worden, solange der Stamm noch nicht ausgetrocknet war. Alle Eichenbalken aus dem Magdalenenberg sagen dasselbe aus: Gleichzeitige

Fällung und Verzimmerung von Starkeichen einer »Güteklasse«, ausgeführt von Leuten, die den Werkstoff genau kannten und die das Beil meisterhaft handhabten.

Wenn zahlreiche Hölzer einer einheitlichen Baukonstruktion vorliegen und viele von ihnen das gleiche Fällungsdatum aufweisen, dann kann man daraus folgern, daß vermutlich alle Stämme – in diesem Fall der Grabkammer – kurzfristig geschlagen und sogleich verzimmert wurden. Wäre das Bauholz erst langfristig nach der Fällung weiterverarbeitet worden, so würde es bei seiner dendrochronologischen Untersuchung wahrscheinlich weit gestreute Fällungsdaten offenbaren. Doch ist es sehr unwahrscheinlich, daß unsere Hallstatt-Werkleute Holzstapel, nach Jahressortimenten geordnet, angelegt und diese dann nach einem festen Turnus wieder abgebaut haben.

Für die sofortige Weiterverarbeitung nach der Fällung gibt es holzphysikalische und werktechnische Argumente. Unsere Abb. 5 zeigt als Beispiel einen Balkenkopf, der mit dem Beil quer zur Faserrichtung des Holzes zugeschlagen wurde. Man erkennt deutlich die Form der Beilschneide. Derart porenscharfe Schnittflächen sind nur im feuchten Holz, unmittelbar nach der Fällung möglich. Wir können daher mit Sicherheit sagen: Mit der Fällung der Bäume ist auch der Bau der Grabkammer, gewissermaßen in einem Arbeitsgang, verbunden. Berechnet auf das angenommene Baujahr 310 n. Chr. der Kölner Rheinbrücke (siehe oben) läßt sich für die Erbauung der Grabkammer im Magdalenenberg als absolutes Datum das Spätjahr 577 v. Chr. wiedergewinnen!

Für die mit absoluten Daten nicht gerade reichlich, und vor allem nicht mit solcher Präzision versehene Vorgeschichtsforschung bedeutet dieses Datum natürlich eine Überraschung. Freilich konnte dieses Ergebnis erst nach mühevollen Vorarbeiten gewonnen werden. So führten die ersten Jahrringvergleiche 1970 zunächst nur zu einer »relativen« Chronologie (Abb. 6). Es ergab sich, daß 3 Tannenpfosten der sogenannten »Südreihe« (siehe unten) im 5. Frühjahr nach dem Bau der Grabkammer errichtet und daß die Tannenbretter des Kindergrabes Nr. 6 (siehe Planbeilage) zu einem Sarg gehörten, der 26 Jahre nach Errichtung des Hügels in diesen eingebracht worden war. Kontrolluntersuchungen an rezenten Eichen und Tannen des Villinger Stadtwaldes, die Forstdirektor Dr. U. Rodenwald dankenswerter

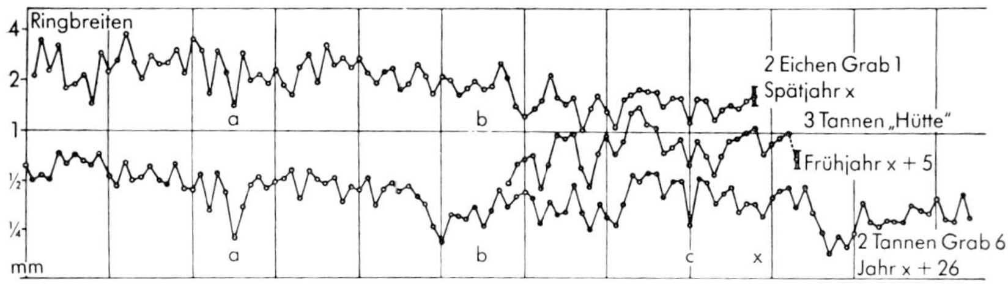

Abb. 6 Magdalenenberg bei Villingen. Jahrringkurven von aus dem Hügel stammenden Hölzern (Zeichnung Hollstein).

Weise ermöglichte, gaben Gewißheit, daß Eichen- und Tannenkurven sich in dieser Region gut synchronisieren ließen. Das gleiche Bild ergab sich aus den sogenannten »Weiserjahren« an Jahrringkurven aus Hölzern des Magdalenenbergs (Abb. 6 a–c). Aber damit allein war das genaue Datum der Grabkammer nicht zu gewinnen.

In diesem Augenblick kam ein seltener Glücksfall zu Hilfe. Anläßlich der Ausgrabung einer frühlatènezeitlichen Befestigung bei Kirnsulzbach a. d. Nahe durch das Landesmuseum Trier fanden sich verkohlte Eichenbohlen, die sich auf das Jahr 469 v. Chr. festlegen ließen. Diese Bohlen lieferten genau die gleichen langen Jahrringfolgen, die notwendig waren, um auch die Jahrringe der Grabkammer des Magdalenenberg zu datieren. Aus der in Abb. 7 wiedergegebenen

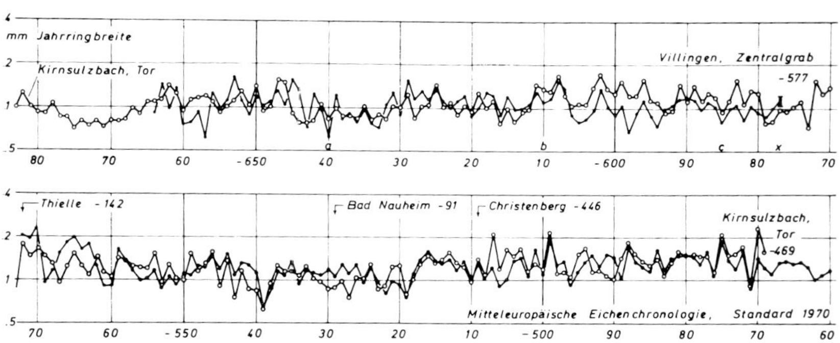

Abb. 7 Die Jahrringkurve der Magdalenenberg-Grabkammer im Vergleich mit anderen vorrömischen Holzfunden (Kirnsulzbach, Thielle, Bad Nauheim, Christenberg bei Marburg). Alle Jahreszahlen berechnet nach dem angenommenen Baujahr 310 der römischen Rheinbrücke zu Köln (Zeichnung Hollstein).

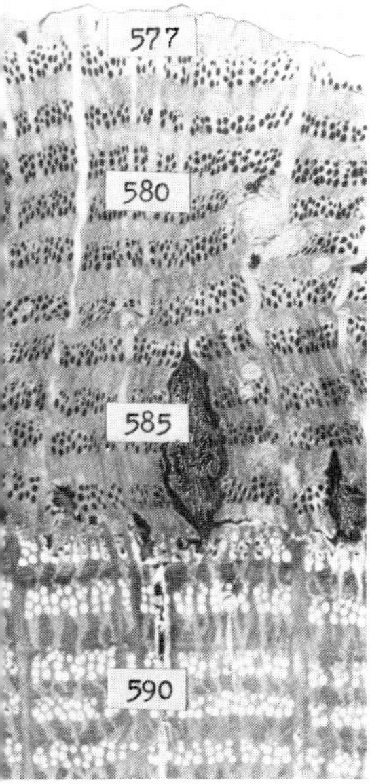

Eichenbalken der Grabkammer, Hügelhöhe 0,0 m. Spätjahr 577 v. Chr. (Auflichtfoto).

Tannenpfosten der Nordreihe (vgl. Abb. 9 unten), Hügelhöhe 0,7 m, Frühjahr 576 v. Chr. (Schnittpräparat).

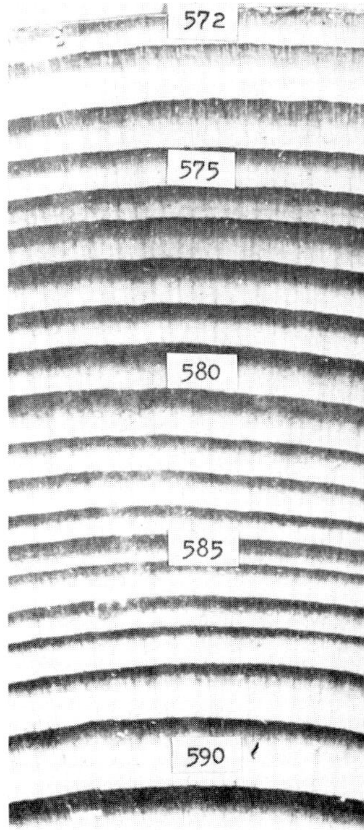

Tannenpfosten der Nordreihe (vgl. Höhe 2,0 m, Spätjahr 572 v. Chr. (Auflichtfoto).

Abb. 8 Magdalenenberg bei Villingen. Waldkantige Jahrringproben in synchroner Vergleichslage, stark vergrößert (Foto und Montage Hollstein).

Jahrringkurvenführung wird ersichtlich, wie das Datum 577 für die Magdalenenberg-Kammer gewonnen werden konnte. Weitere Holzfunde aus dem Grabhügel und vor allem aus den zahlreichen Nachbestattungen (siehe Planbeilage) konnten nun gleichfalls zeitlich festgelegt werden.

Mit 104 m Durchmesser und 45 000 m^3 ist der Magdalenenberg einer der größten Grabhügel der westlichen Hallstattkultur. Viele Jahre lang ist an der Aufschüttung des Hügels gearbeitet worden, um die 127 Nachbestattungen einbringen zu können. Während der Hügel langsam in die Höhe wuchs, wuchsen aber auch die Bäume weiter, die in seiner Nähe standen und die immer dann geschlagen wurden, wenn man neues Bauholz brauchte. Die Jahresringe der vielen Tannenpfosten, die – vermutlich als Markierungen – im Zuge der Aufschüttung in den Hügel gelangten (Abb. 10), zeigen uns heute in ihrer dendrochronologischen Analyse, in welchen Zeitfolgen der Hügel anwuchs. Die »Saisonleistung« der Hügelbauer dürfte dabei zwischen 3000 und 4000 m^3 gelegen haben, eine beträchtliche Menge, wenn man bedenkt, daß alles Erdreich mühsam in Körben herangetragen werden mußte. Unsere Abb. 9 zeigt die Jahresringe dreier im Hügel verbauter Stämme. Die unverletzten Waldkanten erlauben aufgrund unserer Darle-

Abb. 9 Magdalenenberg bei Villingen. Tannenpfosten der nördlichen Reihe, Frühjahr 576 v. Chr. Querschnittdetail, etwa nat. Größe (Foto Hollstein).

Abb. 10 Nördliche Pfostenreihe aus Tannenrundhölzern während der Ausgrabung (Foto Grabungsleitung).

gungen absolute Zeitangaben wie »Spätjahr 577« (Eichenbalken der Grabkammer), »Frühjahr 576« (Tannenpfosten der Nordreihe) (Abb. 8–10) und »Spätjahr 572« (Tannenpfosten der Südreihe). Als die nördliche Pfostenreihe aus Tannenrundhölzer (Abb. 10) des Jahres 576 allmählich im Hügel versank, wurde weiter im Süden eine weitere derartige Pfostenreihe errichtet. Ihre Jahresringe, Waldkanten und Beilhiebe sagen uns, wann dies geschah: Genau 5 Jahre nach Errichtung der Zentralkammer, also nach der Beisetzung des fürstlichen Toten, im Jahre 572.

Schon in vorrömischer Zeit wurde der Hügel beraubt. Grabräuber drangen in die Zentralkammer ein und plünderten sie bis auf geringe

Reste aus. Daß auch dieses Ereignis absolutchronologisch festgelegt werden konnte, verdanken wir dem Umstand, daß die Grabräuber bei ihrem Einbruch drei Tannenspaten in der Kammer liegen ließen. Dort wurden sie schon bei der Ausgrabung von 1890 wiedergefunden, auch wenn man zunächst ihre Bedeutung nicht erkannte. Erst ihre dendrochronologische Analyse ergab, daß die drei Spaten aus der gleichen Tanne geschnitzt waren. Und diese Tanne war im Jahre 530 v. Chr. oder nur wenig später gefällt worden. Die Ungenauigkeit der Datierung rührt daher, daß die Spaten während ihrer Benutzung abgewetzt, teilweise sogar zerbrochen waren. Aus diesem Grunde hatte man sie vermutlich auch liegen lassen. Durch diesen Umstand wurden sie aber auch zu unwiderleglichen Zeugen des Einbruchs, der ungefähr 47 oder 50 Jahre nach der Grablege erfolgt sein muß. Damit ist aber antiker Einbruch erwiesen, der auch sonst an hallstattzeitlichen Adelsgräbern beobachtet werden konnte, z. B. an Hügeln in der Umgebung der Heuneburg an der oberen Donau oder am »Grafenbühl« am Fuße des Hohenasperg bei Ludwigsburg. Ein weiterer Holzspaten, der ebenfalls schon bei der Ausgrabung von 1890 gefunden wurde, läßt vielleicht auf einen weiteren Beraubungsversuch schließen, der dann in Unkenntnis des ersten unternommen worden sein müßte. Der Spaten ist anders geformt und auch sorgfältiger geschnitzt als die Spaten von 530. Seine Jahrringkurve endet vermutlich im Jahre 393 v. Chr. Scherben von Töpfen, die bei der jetzigen Grabung gefunden wurden, lassen sich vielleicht mit diesem zweiten Raubversuch in Verbindung bringen.

Stellt man abschließend die am Magdalenenberg gewonnenen dendrochronologischen Daten zusammen, dann ergeben sich nachfolgende Zeitangaben:

Zentralkammer und Zufahrtsweg	577 v. Chr.
Nördliche Pfostenreihe im Hügel	576 v. Chr.
Eichenbalken im Steinhügel	575 v. Chr.
Südliche Pfostenreihe in 2 m Hügelhöhe	572 v. Chr.
Einzelne Tannenstange in 2,8 m Hügelhöhe	571 v. Chr.
Nachbestattungen 72 und 74 (Planbeilage)	562 v. Chr.
Nachbestattung 6 (Planbeilage)	551 v. Chr.
Drei Tannenspaten von der ersten Beraubung	530 v. Chr.
Eichenspaten von der zweiten Beraubung	393 v. Chr.

Die Jahresringe der Hölzer vom Magdalenenberg werden somit zu einem wichtigen Brückenpfeiler in der langsam rückwärts schreitenden, eben durch die Dendrochronologie ermöglichten absoluten Chronologie vorgeschichtlicher Funde. Nahziel für den Dendrochronologen sind jetzt die reichen Holzfunde aus dem Hallstätter Salzbergwerk, das bekanntlich einer ganzen prähistorischen Kulturepoche seinen Namen gegeben hat. Schon aber weitet sich der Blick auch auf die der letzten vorchristlichen Jahrtausendwende angehörigen spätbronzezeitlichen Ufersiedlungen (»Pfahlbauten«) und Moordörfer im Bereich der nordalpinen Seen, deren Anschluß an den bisher gewonnenen Baumringkalender nach den Ergebnissen des Magdalenenberg nicht mehr utopisch erscheint.

SCHRIFTENVERZEICHNIS

Horst *Beck* und Jörg *Biel,* Bodenkundliche Untersuchungen in der Umgebung des Magdalenenbergs bei Villingen, Germania 50, 1972, 65–68.

Ernst *Hollstein,* Dendrochronologische Untersuchungen am Magdalenenberg bei Villingen, Germania 50, 1972, 69–73.

Ders., Jahrringkurven der Hallstattzeit, Trierer Zeitschrift 36, 1973, 37–55; bes.: 52 ff.: Jahrringchronologie Villingen, Grabung Magdalenenberg 1890 und 1970/71.

Imma *Kilian-Dirlmeier,* Der Gürtel aus Grab 78 des Magdalenenberges bei Villingen, Archäologisches Korrespondenzblatt 3, 1973, 29–32.

Edward *Sangmeister,* Die Ausgrabung des Hallstatt-Fürstenhügels »Magdalenenbergle« bei Villingen – Aspekte und Perspektiven, Villingen und die Westbaar, Veröffentlichung des Alamannischen Instituts in Freiburg i. Br. Nr. 32, Bühl 1972, 26–29.

Konrad *Spindler,* Führer zum Magdalenenberg, Villingen 1970.

Ders., Magdalenenberg I, Der hallstattzeitliche Fürstengrabhügel bei Villingen im Schwarzwald 1. Band, mit einem Vorwort von Edward Sangmeister und Beiträgen von Angela von den Driesch, Gretel Gallay, Fritz Schweingruber und Josef Fuchs, Villingen 1971.

Ders., Der Grabhügel Magdalenenberg, Antike Welt – Zeitschrift für Archäologie und Kulturgeschichte 2, 1971, 3. Heft, 30–40.

Ders., Magdalenenberg II, Der hallstattzeitliche Fürstengrabhügel bei Villingen im Schwarzwald 2. Band, mit einem Vorwort von Wolfgang Kimmig und unter Mitarbeit von Gretel Gallay und Wolfgang Hübener, Villingen 1972.

Ders., Vorbericht über die Grabungskampagne 1970 am hallstattzeitlichen Fürstengrabhügel Magdalenenberg bei Villingen im Schwarzwald, Germania 50, 1972, 56–65.

Ders., Neue Funde vom Magdalenenberg, Antike Welt – Zeitschrift für Archäologie und Kulturgeschichte 3, 1972, 1. Heft, 27–29.

Ders., Funde und Befunde organischer Materialien vom Magdalenenberg bei Villingen (Baden-Württemberg), Archäologisches Korrespondenzblatt 2, 1972, 133–141.
Ders., Ein Gürtelhaken iberischer Herkunft vom Magdalenenberg bei Villingen im Schwarzwald, Archäologisches Korrespondenzblatt 2, 1972, 271–277.
Ders., Keltische Gräber im Magdalenenberg, Villingen und die Westbaar, Veröffentlichung des Alamannischen Instituts in Freiburg i. Br. Nr. 32, Bühl 1972, 30–41.
Ders., Magdalenenberg III, Der hallstattzeitliche Fürstengrabhügel bei Villingen im Schwarzwald 3. Band, mit einem Vorwort von Hartwig Zürn, unter Mitarbeit von Gretel Gallay und mit einem Beitrag von Rudolf Hauff, Villingen 1973.
Ders., Der Magdalenenberg – Ein keltischer Fürstengrabhügel im Schwarzwald, Vorland-Zeitschrift für europäische Vorgeschichte 1, 1973, 255–266.
Ders., Die Ausgrabungen am Magdalenenberg bei Villingen im Schwarzwald, Arheološki vestnik 24, 1973 (1975), 637–659.
Ders., Grabfunde der Hallstattzeit vom Magdalenenberg bei Villingen im Schwarzwald, Ausgrabungen in Deutschland 1, Mainz 1975, 221–242.
Ernst *Wagner*, Fundstätten und Funde aus vorgeschichtlicher, römischer und alamannisch-fränkischer Zeit im Großherzogtum Baden 1. Teil – Das Badische Oberland, Tübingen 1908, 109–113.
Otti *Wilmanns*, Untersuchungen am Pflanzenmaterial des hallstattzeitlichen Grabhügels Magdalenenberg bei Villingen, Germania 50, 1972, 74–76.

ABBILDUNGSNACHWEISE

Zeichnung Gisela Ritschel: 16, 17, 23, 24, 27, 43.
Nach Unterlagen des Stadtarchivs Villingen reproduziert von Photo-Hugel, Villingen-Schwenningen: 5, 6.
Photo Gretel Gallay: 2, 3, 8, 18, 20–22, 26, 29, 40, 42, 49 Mitte, 50, 57.
Photo Hugel, Villingen-Schwenningen: 7, 12, 31, 37, 38 oben.
Photo Konrad Spindler: 9, 13, 14.
Photo Rosemarie v. Strombeck: 10.
Photo Bundeswehr: 11.
Photo Wolfgang Frey: 15.
Photo Thomas Hitschler: 19.
Photo Schreiber, St. Peter: 25, 28, 30, 32–36, 38 Mitte u. unten, 39, 41, 47–48, 49 oben und unten, 51–56, 60.
Photo Römisch-Germanisches Zentralmuseum, Mainz: 44–46, 59, 60.